U0218159

计算机专业职业教育实训系列教材

计算机组装与维护实训教程

第2版

主　编　杨泉波

副主编　李　琦　钟昌振　胡　晓　万钊友

参　编　张晓宁　刘旭东　张立超　卫大均　余启平

主　审　张　巍

机械工业出版社

本书以人物对话为线索，以选配计算机、组装计算机、设置CMOS参数、硬盘分区及格式化、软件的安装、外设选购及安装、连接到Internet、系统优化、备份与还原操作完整的装机流程为主线安排内容。学生通过完成整个流程的一系列任务后，有效提升组装计算机的技能。此外，本书还介绍了计算机组装与维护基础、常见硬件和软件故障的诊断与排除、系统性能测试，以及计算机组装与维护的职业特点、行业规范、行业守则、素质要求等内容。

本书配有电子课件和习题答案，读者可登录机械工业出版社教材服务网（www.cmpedu.com）以教师身份免费注册下载或联系编辑（010-88379197）咨询；配套资源还包括硬件组装操作视频及本书用到的部分软件，供读者更好地使用学习，也可作为教师授课的素材。

本书可作为各类职业院校计算机相关专业的教材，也可作为各类培训班学员及广大计算机爱好者的参考用书。

图书在版编目（CIP）数据

计算机组装与维护实训教程/杨泉波主编. —2版. —北京：
机械工业出版社，2013.12（2023.1重印）
计算机专业职业教育实训系列教材
ISBN 978-7-111-44314-8

Ⅰ. ①计… Ⅱ. ①杨… Ⅲ. ①电子计算机—组装—职业教育—教材
②计算机维护—职业教育—教材 Ⅳ. ①TP30

中国版本图书馆CIP数据核字（2013）第240397号

机械工业出版社（北京市百万庄大街22号 邮政编码100037）
策划编辑：梁 伟　　责任编辑：李绍坤
版式设计：霍永明　　责任校对：张 力
封面设计：鞠 杨　　责任印制：张 博
北京建宏印刷有限公司印刷
2023年1月第2版第9次印刷
184mm×260mm・16.25印张・396千字
标准书号：ISBN 978-7-111-44314-8
定价：49.00元

电话服务　　　　　　　　　网络服务
客服电话：010-88361066　　机 工 官 网：www.cmpbook.com
　　　　　010-88379833　　机 工 官 博：weibo.com/cmp1952
　　　　　010-68326294　　金 书 网：www.golden-book.com
封底无防伪标均为盗版　　机工教育服务网：www.cmpedu.com

第2版前言

"计算机组装与维护"课程是职业学校计算机应用专业的必修课。长期以来，由于课程内容理论性很强，专业术语高密度呈现，学生既不易接受，也学不好。

近代美国教育思想家杜威认为，"教育实际上是经验的改组与改造"，主张"在做中学""在问题中学"。本书秉承杜威的教育理念，艺术性地处理了专业理论与实践活动的关系，以"项目+任务"的方式，提炼了日常使用计算机的经验，升华成解决问题的思路。

本书第1版自出版以来，受到广大读者的喜爱，被众多学校选用，反映良好。本书是在第1版的基础上，由8所职业院校的一线资深教师修订而成的。具体修订内容如下：

1）删除了安装多个IDE设备、用Fdisk工具分区、配件的性能测试等内容。

2）由于计算机硬件技术的发展，新型计算机在市场中占据主导地位，越来越多的用户关注计算机硬件的日常维护和保养。针对这些变化，本版及时调整项目内容，与市场发展同步，使读者足不出户便可以了解当今主流的软件和硬件技术。

3）修改了原书中的错漏。

本书模拟人物"小张"是一个刚要学习本课程的学生，有着满肚子的疑问，既有正确认识又有错误认识，在职业学校学生群体中具有代表性。模拟人物"李工"是一名在电脑城工作的工程师，有着丰富的行业经验和市场经验。模拟人物"老师"既有教育学和心理学常识，又有着丰富的教学经验。

本书人物对话生动活泼，生动再现了课堂教学环境，具有极强的教育意义，有的甚至可以作为老师课堂发问的素材。

本书的编写体例如下。

本章导读	本章内容提要，方便教师总结性教学和学生回忆
学习目标	项目或任务完成后应掌握和学会的重要技能、重要知识
项目分析	学生在教师的带领下对即将开展的项目或任务进行重点分析、阐明观点、提供方法、揭示规律
项目准备	为了将组织教学落到实处，对项目或任务进行的条件进行了描述
小知识	一些理论性太强的知识，或者重要操作提示，供学有余力的同学掌握
操作指导	对操作过程、操作结果进行展示，有利于学生快速掌握知识和技能。或以表格的形式，引导学生一步一步照着老师的思路进行操作
质量评价	根据项目或任务的重要技能要求，对学生操作的完成情况进行评价，便于教师抽查教学效果，也便于学生对独立操作结果进行自我评价
项目拓展	巩固已有技能、拓展新技能。对项目或任务中未涉及且有较高能力要求的部分内容，供学有余力的同学掌握
相关知识与技能	对与完成项目或任务相关的知识、常识、规律的总结。这部分内容理论性很强、术语很多，历来是教学的难点。教师可选择性地讲解，也可以由学生在完成任务时当作资料查阅

教学建议如下。

章节	动手操作学时	理论学时
第1章 计算机组装与维护基础	2	2
第2章 明明白白选配计算机	0	10
第3章 组装计算机	4	2
第4章 设置CMOS参数	2	2
第5章 硬盘分区及格式化	4	2
第6章 安装软件	4	2
第7章 外设选购及安装	4	4
第8章 连接到Internet	4	4
第9章 系统优化、备份、还原	4	2
第10章 常见硬件故障的诊断与排除	2	2
第11章 常见软件故障的诊断与排除	2	2
第12章 硬件检测与日常维护	2	2
第13章 计算机组装与维护职业素养	0	2
合　计	34	38

　　本书由杨泉波任主编，李琦、钟昌振、胡晓、万钊友任副主编，张巍主审，参加编写的还有张晓宁、刘旭东、张立超、卫大均和余启平。其中，第1章和第2章由杨泉波编写，第3章、第4章和第5章分别由胡晓、余启平和张晓宁编写，第6章和第10章由李琦编写，第7章由刘旭东编写，第8章和第9章分别由张立超和卫大均编写，第11章由钟昌振编写，第12章和第13章由万钊友编写。

　　由于编者水平有限，书中难免存在不足之处，敬请各位读者批评指正。

编　者

第1版前言

"计算机组装与维护"课程是职业学校计算机应用专业的必修课。长期以来，由于课程内容理论性很强，专业术语高密度呈现，学生既不易接受，也学不好。

近代美国教育思想家杜威认为，"教育实际上是经验的改组与改造"，主张"在做中学""在问题中学"。本书秉承杜威的教育理念，艺术性地处理了专业理论与实践活动的关系，以"项目+任务"的方式，提炼了日常使用计算机的经验，升华成解决问题的思路。

本书模拟人物"小张"是一个刚要学习本课程的学生，有着满肚子的疑问，既有正确认识又有错误认识，在职业学校学生群体中具有代表性。模拟人物"李工"是一名在电脑城工作的工程师，有着丰富的行业经验和市场经验。模拟人物"老师"既有教育学和心理学常识，又有着丰富的教学经验。

本书人物对话生动活泼，生动再现了课堂教学环境，具有极强的教育意义，有的甚至可以作为老师课堂发问的素材。

本书编写体例如下：

本章导读	本章内容提要，方便教师总结性教学和学生回忆
学习目标	项目或任务完成后应掌握和学会的重要技能、重要知识
项目分析	学生在教师的带领下对即将开展的项目或任务进行重点分析、阐明观点、提供方法、揭示规律
项目准备	为了将组织教学落到实处，对项目或任务进行的条件进行了描述
小知识	一些理论性太强的知识，或者重要操作提示，供学有余力的同学掌握
操作指导	对操作过程、操作结果进行展示，有利于学生快速掌握知识和技能。或以表格的形式，引导学生一步一步照着老师的思路进行操作
质量评价	根据项目或任务的重要技能要求，对学生操作的完成情况进行评价，便于教师抽查教学效果，也便于学生对独立操作结果进行自我评价
项目拓展	巩固已有技能、拓展新技能。对项目或任务中未涉及且有较高能力要求的部分内容，供学有余力的同学掌握
相关知识与技能	对与完成项目或任务相关的知识、常识、规律的总结。这部分内容理论性很强、术语很多，历来是教学的难点。教师可选择性地讲解，也可以由学生在完成任务时当作资料查阅

教学建议：

章节	动手操作学时	理论学时
第1章 计算机组装与维护基础	2	2
第2章 明明白白选配计算机	0	10
第3章 组装计算机	2	4
第4章 设置CMOS参数	2	2
第5章 硬盘分区及格式化	4	2
第6章 安装软件	2	4
第7章 外设选购及安装	4	4

章节	动手操作学时	理论学时
第8章　连接到Internet	4	4
第9章　系统优化、备份、还原	2	4
第10章　常见硬件故障的诊断与排除	2	2
第11章　常见软件故障的诊断与排除	2	2
第12章　硬件检测与性能测试	2	2
第13章　计算机组装与维护职业素养	2	0
合　计	30	42

　　本书第1～4、6、7、10、11章由四川省商业服务学校高级讲师杨泉波编写，第5、9、12章由四川科技职工大学讲师张晓宁编写，第8章由四川省商业服务学校讲师张立超编写，第13章由成都冶金职工大学讲师李敏编写。全书由杨泉波主编和统稿，张立超校对，并由四川科技职工大学高级实验师李为民审稿。书中不足之处，敬请各位批评指正。

编　者

目 录

目
录

第1章 计算机组装与维护基础

　　小张是一名职业学校的一年级学生，学的是计算机应用专业。本学期，学校开设了"计算机组装与维护"课程，听学长们说，这门课很实用，操作性很强。学好后不仅自己可以解决一些电脑问题，而且还可以去电脑城上班，当装机员、谈单员，并且有机会去IT公司当一名计算机工程师。

　　小张从开学的第一天起，就暗下决心，非把组装与维护的手艺学到家不可。

 本章导读

　　一般在学习计算机组装与维护课程之前，都要学习计算机应用基础知识。本章将简要回顾计算机系统的基本知识，并通过初次拆机、装机活动，使学生初步掌握计算机主要部件、外部设备的功能和识别方法，从整体上了解一台完整计算机的硬件构成。

项目1 动手拆卸一台计算机

 学习目标

　　通过拆卸一台完整的计算机，熟练指认每个部件名称，并能画出主板结构示意图和背板接线示意图。

 项目任务

　　依次拆卸计算机部件，指认每个部件，并为部件除尘。

 项目分析

　　在大多数同学的眼里，计算机作为一种IT产品，内部布满了各式各样的线缆，肯定极为复杂，因而不敢轻易打开机箱查看。本项目通过解剖计算机的组件，旨在帮助操作者从整体上把握一台完整计算机的硬件构成。

 项目准备

　　硬件：一台完整的计算机的配置至少为奔4 CPU、内存、显卡、声卡或网卡、硬盘和光驱。

工具：中号十字螺钉旋具（带磁性）一把、一字旋具（带磁性）一把、尖嘴钳一把、镊子一把、毛刷一把、橡皮擦一块、尺子一把、白色布手套一双。

 操作指导

1）拔下机箱背板的电源插头、鼠标接头、键盘接头，拧掉紧固螺钉，拔下显示器数据线，拔下网线接头（如果有），拔下其他外设。

2）拆开机箱左侧面板。

3）两只手掰开内存条两侧的扣具，拔下内存条。注意要用橡皮擦擦拭内存条的金手指，使之光亮。

4）两只手分别压CPU风扇的压杆，使之脱离两侧挂脚。拔掉风扇电源，卸下风扇（CPU立马出现在眼前）。注意要用毛刷除去风扇上的积尘。

5）用手拉起Socket的压杆（或扣具），食指和拇指拔起CPU，轻轻放在工作台上。这个工作应该小心，不要碰弯了插针。

6）拧掉显卡金属翼片上的固定螺钉，松开插槽上的挂脚，拔去显卡专用电源插头（如果有），拔起显卡放到工作台上。用橡皮擦擦拭金手指至光亮为止。用毛刷除去显卡风扇（如果有）上的积尘。

7）拧掉网卡（或声卡）金属翼片上的固定螺钉，拔起网卡（或声卡）放到工作台上。用橡皮擦擦拭金手指至光亮为止。

8）拔去主板和硬盘上的数据线缆，拔去电源插头，拧掉固定螺钉，抽出硬盘，放到工作台上。

9）拔去主板和光驱上的数据线缆，拔去电源插头，拧掉固定螺钉，抽出光驱，放到工作台上。

10）拔去主板电源插头。拔去CPU专用4芯电源插头（如果有）。此时主电源可从机箱中卸下。用毛刷除去电源风扇（如果有）上的积尘。此时机箱里面应该只剩下主板。

11）拔下机箱面板到主板上的控制线，拧掉主板上的螺钉。拿出主板放到工作台上。至此，计算机拆卸完毕。填写记录，见表1-1。

表1-1　计算机硬件记录

	型号	容量	颗粒数	金手指根数
内存条				
	缺口数			
	□1个 □ 2个			
CPU风扇	品牌	功率		
CPU	品牌	针脚数	系列（型号）	主频/MHz
	倍频/MHz	外频/MHz	封装类型	
显卡（如果有）	品牌	系列（型号）	显示芯片	主板总线接口
				□AGP□PCI-E

	型号	容量	颗粒数	金手指根数
声卡（如果有）	品牌	系列（型号）	声音芯片	主板总线接口
				□ISA□PCI
网卡（如果有）	品牌	系列（型号）	网卡芯片	主板总线接口
				□ISA□PCI
硬盘	品牌	系列（型号）	容量	接口类型
				□IDE□SATA
	转数			
光驱	品牌	系列（型号）	种类	接口类型
				□IDE□SATA
电源	品牌	系列（型号）	额定功率/W	峰值功率/W
主板	品牌	芯片组	尺寸（长×宽）	版型
				□ATX□AT
	Socket类型	内存类型	是否集成显卡	是否集成网卡
		□SD□DDR□DDR2	□是□否	□是□否
显示器	品牌	系列（型号）	液晶还是CRT	屏幕尺寸
			□液晶□CRT	
键盘	品牌	系列（型号）	按键数	接口类型
				□USB□PS/2
鼠标	接口类型			
	□USB□PS/2			

质量评价

任务或步骤	完成情况		
是否按操作步骤进行	□好	□一般	□差
拆卸用力是否恰当	□好	□一般	□差
工作台上所有板卡是否摆放整齐	□好	□一般	□差
螺钉等紧固件是否装进盒子	□好	□一般	□差
所有板卡是否除尘	□好	□一般	□差
所有板卡的金手指（如果有）是否光亮	□好	□一般	□差
是否认真观察部件并填写记录表	□好	□一般	□差
是否能画出主板结构示意图	□好	□一般	□差
是否能画出主机背板结构示意图	□好	□一般	□差

老师："小张，项目训练结束了，你有什么收获？"

小张："老师，收获可大了。作为小组长，我还把部件恢复原状了呢。"

老师："首先，老师衷心祝贺你取得了很大进步……我在指导同学们操作时，发现有几个不足。一是螺钉乱放、部件乱放；二是拔起操作时力度和方向都不熟练；三是对部件不能轻拿轻放的现象较明显……"

小张："嗯，老师，我们都还没有养成良好的职业习惯。"

老师："嗯，不错。还有没有什么体会？"

小张："记录表中多次提到什么接口、频率，我一头雾水。"

老师（笑）："别着急，我们将要到电脑市场实地购买这些部件，同时告诉你这些术语的含义。"

项目2　深入机箱内部、外部

 学习目标

通过深入机箱内部和外部，了解并掌握每一个部件的功能、作用。

 项目任务

依次了解机箱内部各组件的名称、功能和外形特点。依次了解外设名称和功能等。

 项目分析

在项目1中，虽然已经对计算机的"五脏六腑"作了外形上的识别，但只有深入到机箱内部、外部，具体到每一个部件上才能真正理解计算机的工作过程。

任务1　认识机箱内部几大组件

打开机箱盖子，露出计算机内部"庐山真面目"，如图1-1所示。

如图1-1所示为去除机箱盖板后的情形。方框数字标示的是机箱内部的几大组件。

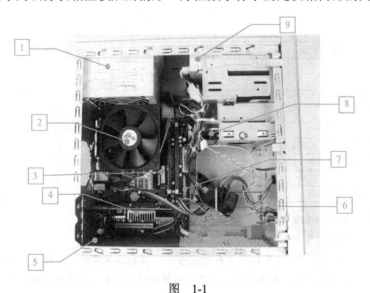

图　1-1

1）机箱电源（见图1-2）。它是计算机的动力之源。

2）CPU风扇（见图1-3）。它专门为中央处理器（CPU）（见图1-4）散热。因为中央处理器（CPU）在工作时会产生大量的热量，如果过热，则容易烧坏，所以CPU风扇是中央处理器（CPU）的保护者。

图 1-2

图 1-3

图 1-4

3）内存条（见图1-5）。它是计算机存储各种运算信息的部件。所有供CPU处理的数据都必须经内存提供。这种内存是随机内存（RAM）的一种，计算机工作时，为CPU提供数据，并保存CPU计算的中间结果。内存是主机内较小的配件，其形状为长条形，故又称为内存条。

4）显卡（见图1-6）。它的学名为"显示适配器"，是显示器与主机通信的控制电路及接口。它负责将CPU送来的信息处理为显示器可以处理的格式后送到显示器上形成图像。CPU处理的是数字信号，显卡承担了后续的处理、加工及转换为模拟信号的工作。

图 1-5

图 1-6

5）主板（见图1-7）。它是计算机的机箱内部最大的也是最重要的一块板卡。因为可以在上面插拔众多的插卡，所以又称为母板。

图 1-7

6）SATA设备数据线（见图1-8）。它是用来在主板和SATA设备间串行传输数据的线缆。它支持热插拔，传输速度快、执行效率高。

7）IDE设备数据线（见图1-9）。它是用来在主板和IDE设备间并行传输数据的线缆。因此，又叫PATA数据线。常见的有40芯和80芯两种。它不支持热插拔，传输速度略低于

SATA设备数据线。

图 1-8

图 1-9

8）硬盘（见图1-10）。它是计算机系统中最重要的外部存储设备。它具有比软盘大得多的容量和快得多的读写速度，以及很高的可靠度。

9）光驱（见图1-11）。它是读取光盘信息的设备。光盘是计算机系统中存放永久信息的外部存储设备，具有存储容量大、价格便宜和保存时间长等特点。目前多媒体计算机多配置DVD-ROM。

图 1-10

图 1-11

任务2 认识常用外部设备

一般地，位于主机箱外部的设备被称为外部设备，简称外设。下面是常用外设，如图1-12所示。

图 1-12

1）显示器（见图1-13）。它又称为监视器，是计算机最重要的输出设备，是计算机向人们传递信息的窗口。显示器能以数字、字符、图形和图像等形式，反映各种设备的状态和运行结果。

2）音箱（见图1-14）。它是将音频信号变换为声音的一种装置。音箱包括箱体、扬声器单元、接口和放大器4个部分。音箱和声卡一起构成计算机的声音系统。

图　1-13

图　1-14

3）键盘（见图1-15）。它是计算机最主要的输入设备。通过键盘，可以将数字、字母、符号和标点等信息录入到计算机中接受处理。

4）鼠标（见图1-16）。它是一种屏幕定位装置。在Windows时代，鼠标成了计算机的标准配置。用户通过单击鼠标可选中操作对象、发出命令，通过双击鼠标可以运行程序。

图　1-15

图　1-16

5）打印机（见图1-17）。它是一种输出设备。通过打印机可以将输入的文档、设计的图片以纸介质的形式保存。现在打印机已经可以与传真机、复印机和扫描仪等设备集成为多功能机了，如图1-18所示。

图　1-17

图　1-18

6）调制解调器（见图1-19）。英文名为Modem，俗称为"猫"。它是一种能将计算机通过电话线接入互联网的设备。目前广泛使用的是ADSL Modem，也是一种通过特殊技术，将计算机经过电话线快速接入互联网的设备。市场上常见的是外置式ADSL Modem。

7）数码摄像头（见图1-20）。它是能将图像、音频和视频输入的计算机设备。结合相应的网络聊天工具，例如，腾讯QQ、MSN，就可用于网络视频聊天了。数码摄像头可将计算机的显示器作为取景器拍摄数码照片。通过电缆（现在已经出现了无线传输的摄像头）连接到电视机或者计算机上，从而可以对现场进行实时监控。

8）手写输入板（见图1-21）。它也是一种输入工具。与键盘不同的是，它需要在专门识别软件的支持下接受输入板输入信息。手写板是为那些输入汉字有困难的人士准备的。

图 1-19

图 1-20

图 1-21

 质量评价

任务或步骤	完成情况		
能说出机箱内部至少5个部件的名称、功能	□好	□一般	□差
能说出至少5个常用外设的名称、作用	□好	□一般	□差

项目3　深入笔记本电脑外部、内部

 学习目标

熟练掌握笔记本电脑的内外部构造，初步掌握拆卸步骤和方法。

 项目任务

认识笔记本电脑的外部构造，拆卸笔记本电脑，并识别各部件、了解其功能。

 项目分析

笔记本电脑，英文名称为NoteBook，简称"NB"，俗称"本本"。因其方便携带，日渐成为计算机市场的新宠，成为时尚一族的"必备装备"。但是，笔记本电脑制造成本相对较高，市场上也没有兼容机卖，一般实训室不会提供给学生们"折腾"。本项目就是在老师的带领下，将ThinkPad T400笔记本电脑从外到内依次"解剖"开，让大家来认识一下其外部和内部结构。

任务1　认识笔记本电脑外部构造

 操作指导

为了全方位认识ThinkPad T400笔记本电脑，从正面、右面、左面、底面和后面几个方向观察，注意有些部件是暗藏在外壳下面的。

1. **正视图**（见图1-22）

1）显示屏。显示屏提供清晰明亮的文本和图形显示。

2）系统和电源状态指示灯（见图1-23）。分别有数字锁定、大小写锁定、设备访问和供电指示灯。另外，此型号的笔记本电脑还有无线局域网、蓝牙工作状态指示灯。

3）电源开关（见图1-24）。使用电源开关可以开启计算机。

4）用于无线局域网/WiMAX的PCI Express迷你卡插槽（暗藏）。

5）无线USB卡插槽（暗藏）。

6）TrackPoint定位杆（见图1-25）。TrackPoint及其按键、触摸板及其按键提供的功能类似于鼠标及其按键的功能。

图　1-22

7）TrackPoint按键（见图1-26）。

8）用于无线广域网的PCI Express迷你卡插槽（暗藏）。

9）调制解调器子卡插槽（暗藏）。

图　1-23　　　　图　1-24　　　　图　1-25　　　　图　1-26

10）ThinkVantage 按键（见图1-27）。键盘左上角的长方形按键，此按键可以打开联机帮助系统，该系统有助于回答问题并提供对软件工具和主要Lenovo Web站点的快速访问。

11）内置传声器（见图1-28）。当内置传声器与能够处理音频的应用程序同时使用时，它能够捕获声音和语音。

12）用于无线广域网（第3根天线）和无线USB的UltraConnect无线天线（暗藏）。

13）ThinkLight（见图1-29）。在照明条件不是很理想的环境中使用计算机。要照亮键盘，可按<Fn+PgUp>组合键打开ThinkLight。要关闭ThinkLight，再次按<Fn+PgUp>组合键即可。

14）集成摄像头（见图1-30）。用此摄像头可以拍摄照片或举行视频会议。

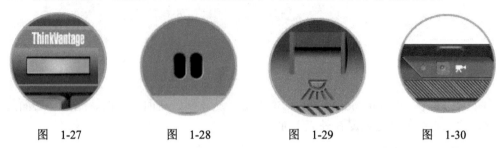

图　1-27　　　　　　图　1-28　　　　　　图　1-29　　　　　　图　1-30

15）用于无线局域网/WiMAX（辅助天线）的UltraConnect无线天线（暗藏）。

16）内置立体声扬声器（右侧）（见图1-31）。

17）导航键。键盘上光标控制键旁边的导航键用于互联网浏览器，如Netscape Navigator和Internet Explorer。它们的功能类似于浏览器中的前进和后退按钮，可以按网页的打开顺序前后移动到访问过的页面。

18）指纹识别器（见图1-32）。指纹认证技术使用户能够使用指纹启动计算机和进入BIOS Setup Utility。

19）触摸板（见图1-33）。

20）触摸板按键（见图1-34）。

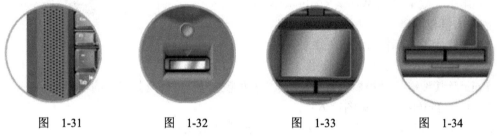

图　1-31　　　　　　图　1-32　　　　　　图　1-33　　　　　　图　1-34

21）内存升级插槽（暗藏）。

22）<Fn>键（见图1-35）。按<Fn>键来使用ThinkPad的功能，例如，打开ThinkLight。要使用ThinkPad的功能，请按<Fn>+标记为蓝色的功能键。

23）内置音量按键（见图1-36）。按内置音量键可以迅速调整计算机的音量或将其设为静音。

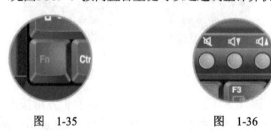

图　1-35　　　　　　图　1-36

24）内置立体声扬声器（左侧）。

25）用于无线局域网/WiMAX（主天线）和无线广域网的UltraConnect无线天线（暗藏）。

2．右视图（见图1-37）

图　1-37

1）硬盘驱动器（HDD）或固态硬盘驱动器（SSD）（暗藏）。

2）串行Ultrabay Slim或串行增强型Ultrabay，用于串行Ultrabay设备的托架。光盘驱动器安装在该托架中。

3）USB接口（右侧）。用来连接与USB接口兼容的设备，如打印机或数码照相机。

3．左视图（见图1-38）

图　1-38

1）风扇散热孔（左侧）。内部的风扇和散热孔使空气能在笔记本电脑内流通并为CPU降温。

2）显示器接口。可以将外接显示器或投影仪连接到笔记本电脑以显示信息。

3）调制解调器接口。使用调制解调器接口将笔记本电脑与电话线连接。

4）以太网接口。使用以太网接口将笔记本电脑连接至局域网。

5）USB接口（左侧）。

6）PC卡/Express卡/智能卡/7合1介质读卡器插槽（暗藏）。

4．底视图（见图1-39）

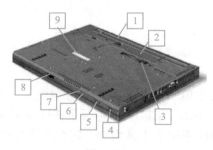

图　1-39

1）电池。无法使用交流电源时，请通过电池电源来使用计算机。

2）SIM卡插槽（暗藏）。

3）扩展坞接口（见图1-40）。通过ThinkPad高级扩展坞、ThinkPad高级迷你扩展坞或者ThinkPad新型端口复制器，用户可在办公室或家中扩展计算机的功能。

4）IEEE 1394接口（见图1-41）。用于连接与IEEE 1394接口兼容的设备，例如，数字视频摄像头和外接硬盘驱动器。

5）无线设备硬件开关（见图1-42）。使用此开关可以禁用计算机上所有无线设备的无线通信。

6）立体声耳机插孔（见图1-43）。

7）传声器插孔（见图1-44）。

图 1-40　　　　图 1-41　　　　图 1-42　　　　图 1-43　　　　图 1-44

5. 后视图（见图1-45）

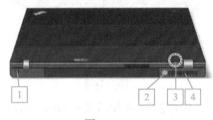

图　1-45

1）安全锁孔。

2）电源插孔。交流电源适配器电缆连接到笔记本电脑电源插孔中，向笔记本电脑提供电源并为电池充电。

3）蓝牙天线（暗藏）。

4）风扇散热孔（后部）。

任务2　拆卸笔记本电脑

 操作指导

不管是哪种品牌的笔记本电脑，其基本构成有电池、光驱、硬盘、掌托、内存、键盘、调制解调器卡、无线卡、风扇、CPU、液晶显示器屏和主板等。

这里仍然以ThinkPad T400笔记本电脑为例，请在老师的指导下拆卸，并观察其内部部件结构，填写拆卸记录见表1-2。

拆卸时，一定要注意步骤，即"由表及里""由周边到中心"。否则，有可能损坏部件。如图1-46所示是拆卸流程，详细步骤可参考配套光盘中的相关内容。

表1-2　笔记本电脑拆卸记录

电池	电池类型	电池容量/A	电池电压/V	产品重量/kg
	□锂离子□其他			
硬盘	品牌	系列（型号）	容量	接口类型
				□SATA□IDE
	转数			
光驱	品牌	系列（型号）	种类	接口类型
				□SATA□IDE
内存条	型号	容量	颗粒数	金手指根数
	缺口数	品牌		
	□1个□2个			
CPU风扇	品牌	功率/W	散热材质	
CPU	品牌	针脚数（触点数）	系列（型号）	主频/MHz
	倍频/MHz	外频/MHz	封装类型	
显卡（如果有）	品牌	系列（型号）	显示芯片	主板总线接口
				□AGP□PCI-E
声卡（如果有）	品牌	系列（型号）	声音芯片	主板总线接口
				□ISA□PCI
以太网卡（如果有）	品牌	系列（型号）	网卡芯片	主板总线接口
				□ISA□PCI
WIFI/WiMAX无线网卡	品牌	系列（型号）	网卡芯片	主板总线接口
				□ISA□PCI
.WWAN卡（3G卡）	品牌	系列（型号）	网卡芯片	主板总线接口
				□ISA□PCI

拆卸电池 ⇒ 拆卸光驱 ⇒ 拆卸硬盘 ⇒ 拆卸掌托 ⇒ 拆卸内存

拆卸液晶显示器屏 ⇐ 拆卸CPU ⇐ 拆卸CPU风扇 ⇐ 拆卸键盘

拆卸底壳 ⇒ 拆卸主板和防滚架

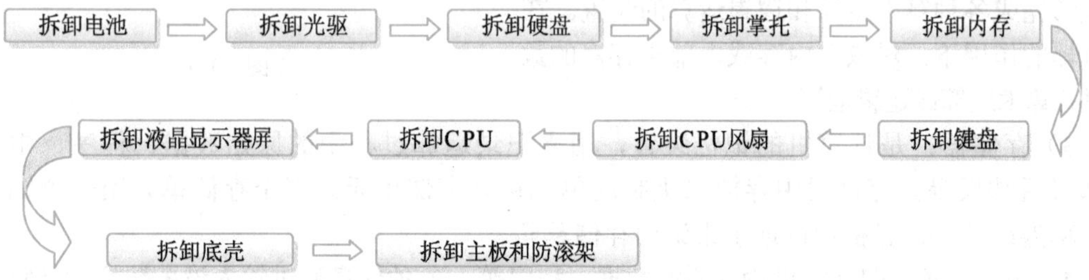

图　1-46

小张：　"老师，这台笔记本的拆卸步骤可真复杂呀，我都有点糊涂了。"
老师：　"是的，在有限的空间里能容纳下这么多的部件，它比一般的台式机要复杂，先拆哪里后拆哪里，一定要注意步骤。"
小张：　"是不是所有的笔记本都这么拆卸呀？"
老师：　"不尽然。像ThinkPad这样品牌的笔记本出厂时，都带有一个使用文档，上面标有拆卸方法以及步骤。你要先做足'功课'后才能下手哦……"

质量评价

任务或步骤	完成情况		
能指认笔记本电脑外部各种接口的名称、功能	□好	□一般	□差
能说出笔记本电脑内部至少5个部件的名称、功能	□好	□一般	□差
能说出拆卸笔记本电脑的一般方法	□好	□一般	□差

 相关知识与技能

计算机俗称为电脑，从1946年第一台计算机出现至今，它的发展可谓翻天覆地、一日千里。可以说，计算机是人类历史上发展最快的一项技术发明。计算机按组成及CPU运算速度又可分为微型计算机、小型计算机、大型计算机和巨型计算机。其中，用途最为广泛的是微型计算机，又称个人计算机（Personal Computer），俗称PC。本书讲述的就是个人计算机的组装与维护技术。

现代计算机的鼻祖是美籍匈牙利科学家冯·诺依曼教授，他的思想是现代计算机工业的基础，其核心有如下两点。

1）计算机中的指令以二进制方式存储。

2）存储程序的工作方式。计算机必须预先将指令存储在计算机中，需要时从存储器中取出指令并执行。

因此，现代计算机体系结构又称为"冯·诺依曼体系"，其基本框架图如图1-47所示。

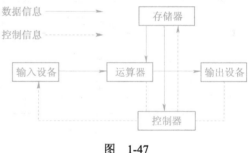

图 1-47

1）控制器：是整个计算机系统的指挥系统。它的基本功能是从内存中取指令和执行指令。

2）运算器：又称为算术逻辑单元（ALU），是能够完成各种算术运算和逻辑运算的装置。在控制器的作用下，对取自内存或内部寄存器的数据进行算术运算或逻辑运算。

3）存储器：是计算机的记忆装置，用来记录运算过程中的原始数据、程序、中间结果和最后结果等。存储器中存放二进制的单元称为存储单元。每个存储单元用一个编号标识，称为地址。计算机通过地址来访问存储单元。

4）输入设备：向计算机输入原始数据、程序等，各种信息通过输入设备转换为计算机能识别的数据形式存储到存储器中。常用的输入设备有键盘、鼠标、光笔和数字化仪器等。

5）输出设备：用于将计算机处理的结果转换为人们所能接受的形式。常用的输出设备有显示器、打印机和绘图仪等。

思考与练习

一、硬件识别练习

下面是计算机配件图，请分别写出它们的名字。

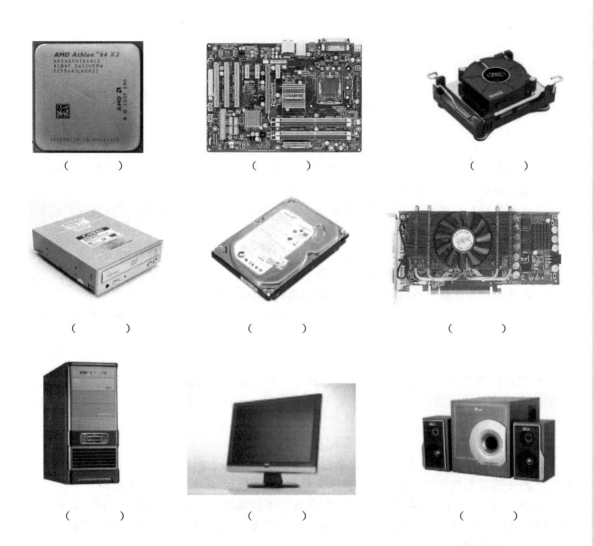

（　　　　）　　　　　　　　（　　　　　　）　　　　　　　　（　　　　　　）

（　　　　）　　　　　　　　（　　　　　　）　　　　　　　　（　　　　　　）

（　　　　）　　　　　　　　（　　　　　）　　　　　　　　（　　　　　）

二、外设连接练习

主机箱背板示意图（见图1-48），请把每个接口应该连接的设备名写在方框内。

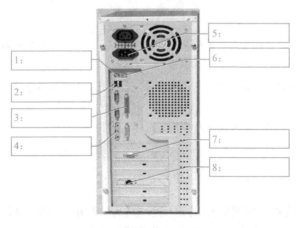

图　　1-48

第2章 明明白白选配计算机

> 经过第1章的学习，特别是经过两个项目之后，小张对计算机有了更进一步的认识，现在和同学们交流时都能说出一连串的硬件术语了。
>
> 但这些都是表面工夫，何况操作过的都是实验室的老机器。对时下流行的计算机部件和一些新技术，小张还是"两眼一抹黑"。
>
> 终于盼来了和老师一道去电脑城选购配件的这一天，小张摩拳擦掌，准备大干一场。
>
> 小张："老师，我们准备去哪儿购买电脑呀？"
>
> 老师："买电脑，当然到电脑城。我们请电脑城的李工一起来选配计算机。"

 本章导读

组装新计算机必须从选购计算机配件开始，在购买活动中，计算机工程师将介绍计算机配件发展的历史脉络，时下最流行的一些新知识、新技术。通过这些活动，让初学者熟知常用的IT术语及其含义、计算机配件性能参数，熟知各主流产品及其特点。掌握用户核心需求分析的方法，并根据实际需要合理配置计算机。

通过各种活动，让初学者不仅能掌握新知识、新名词、新技术，还能从日常使用计算机的实践中提炼旧知识、旧名词、旧技术，达到举一反三、融会贯通的目的。

此外，在本章的实战训练中，通过配置各种不同档次、不同需求的计算机，让初学者掌握分析核心需求的方法。通过电话咨询、网络查询、市场调查等手段，达到了解市场、与人沟通协作的职业技能训练目的。

项目1　选购CPU及CPU风扇

> 小张："老师，我知道，CPU是计算机最重要的部件之一，但目前我对它的一些知识还相当欠缺，更别说选购了。"
>
> 老师："呵呵，别着急。所谓'磨刀不误砍柴工'，购买CPU前有必要对一些技术参数有大致的了解。"
>
> 小张："嗯，这样那些不法商人就糊弄不了我了。"

 学习目标

掌握CPU的购买策略；掌握CPU的性能参数；熟知Intel和AMD公司时下主流的CPU产品。重点掌握CPU的倍频、外频和主频的含义及相互关系。

项目任务

根据需要选择适当的CPU。

项目分析

CPU是计算机的核心，它代表了计算机的主要性能，常说的"奔4电脑""双核电脑"实际上指的是CPU的档次。因此，了解CPU的性能指标、主流品牌、型号、价位就显得很重要。

任务1　自行调查CPU性能参数

任务内容

自行运行或在老师的帮助下运行CPU_Z测试软件，了解CPU的性能参数。

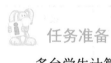

任务准备

多台学生计算机，已经安装好了CPU_Z或其他测试软件包。

操作指导

根据测试内容，你能填写表2-1吗？

表2-1　CPU测试记录表格

	名称	代号	封装类型	制造工艺
处理器				
	型号规格	核心电压	指令集	
时钟	速度（主频）	倍频	总线速度	前端总线
缓存	一级数据	一级指令	二级	
核心数量				

任务2　认识几款主流CPU

任务内容

了解主流CPU的层次、型号及主要参数、价位区间等信息。

任务准备

上网查询（如www.it168.com），或者查阅相关杂志（如《计算机硬件》《电脑爱好者》等）。

操作指导

目前，CPU的生产商主要有Intel公司、AMD公司和VIA公司。

Intel公司成立于1968年，是目前全球最大的半导体芯片制造商，它的桌面处理器产品占据了70%以上的市场份额。AMD是Advanced Micro Devices的缩写，它的桌面处理器产品以性价比优良著称，是目前唯一能与Intel竞争的公司。而VIA公司是中国台湾的一家高科技企业，其产品线几乎包括了IT领域的各个方面。VIA的C3系列CPU的最大特点是价格低廉、性能实用，主要与Intel和AMD争夺低端市场。

表2-2是目前计算机市场上出货量最多的6款CPU（综合2012年6～8月），每个品牌分高、中、低三个层次罗列。

表2-2　6款CPU比较

公司	层次	型号及主要参数	图片	报价
Intel	低端	**Intel奔腾双核G840（盒）** ● 系列型号：Pentium Dual Core ● 主频(GHz)：2.8 ● 二级缓存容量：512KB ● 三级缓存容量：3096KB ● 接口类型：LGA 1155 ● 核心类型：Sandy Bridge		350～450元
	中端	**Intel 酷睿 i5-3450（盒）** ● 系列型号：Core i5 ● 主频(GHz)：3.1 ● 睿频(GHz)：3.5 ● 三级缓存容量：6144KB ● 接口类型：LGA 1155 ● 核心类型：Ivy Bridge ● 核心显卡：Intel HD Graphic 4000		1 200～1 400元
	高端	**Intel酷睿i7 3770k** ● 系列型号：Core i7 ● 主频(GHz)：3.5 ● 睿频(GHz)：3.9 ● 三级缓存容量：8 192KB ● 核心类型：Ivy Bridge ● 接口类型：LGA 1155 ● 核心显卡：Intel HD Graphic 4000 ● 4核心8线程		2 000～2 500元

公司	层次	型号及主要参数	图片	报价
AMD	低端	**AMD速龙II X2 250（盒）** ● 系列型号：Athlon II X2 ● 主频(GHz)：3.0 ● HT总线：2 000MHz ● 二级缓存容量：2 048KB ● 核心数量：2核 ● 核心类型：Regor ● 接口类型：Socket AM3		350～390元
	中端	**AMD速龙 II X4 640（盒）** ● 系列型号：Athlon II ● 主频(GHz)：3.0 ● HT总线：2 000MHz ● 二级缓存容量：2 048KB ● 核心类型：Propus ● 核心数量：4核 ● 接口类型：Socket AM3		600～800元
	高端	**AMD FX-8150** ● 系列型号：AMD FX系列8核 ● 主频(GHz)：3.6 ● 睿频(GHz)：4.2 ● 处理器外频：200MHz ● 二级缓存容量：8 192KB ● 三级缓存容量：8 192KB ● 核心类型：Bulldozer ● 核心数量：8核 ● 接口类型：Socket AM3+		1 300～1 500元

任务3 选 购 CPU

任务内容

掌握CPU选购策略。

任务准备

分析CPU性能需求、应用场合。

操作指导

1. 封装类型与接口

在购买CPU时，最为关键的是，必须了解CPU的封装类型和它所对应的接口。这是关系着主板、内存与显卡选购的大问题。尽量选择主流封装类型和接口。

2．性能和性价比

CPU的档次决定了整机的大部分性能，因此，如果经济宽裕，尽量选择一款主频、前端总线频率和缓存都偏高的产品。有时候，新产品刚上市，价格高，不如选择一款性能相差不太多，而价格却便宜得多的产品。

3．盒装与散装

只要是正品CPU，盒装与散装没有任何质量差异。盒装产品比同型号的散装产品价格略高几十元钱。而且真正的盒装产品有三年质保，并且附带有一只质量较好的散热风扇，因此，通常受到广大消费者的喜爱。而散装只有一年质保。

4．选择Intel还是选择AMD

有的用户就认定了一定要购买Intel公司的CPU，这其实是一个误区。AMD的CPU比同档次的Intel的CPU价格便宜，具有比较高的性价比。

5．关键是用计算机来做什么

购买CPU前一定要认清自己用计算机来干什么，这样才能做到有的放矢。
- 初学者和学生只要一款500元左右的低端CPU就可以了。
- 普通家庭用户应该追求更高的性价比，时下成熟的500～800元四核CPU是不错的选择。
- 硬件发烧友通常喜欢折腾自己的计算机，如超频，就要选取一款允许超频的CPU，价格是次要的。
- 计算机工作者是用计算机来谋生的，一款性能超强的CPU通常能提升工作效率。
- 单位用户购买CPU是用来处理数据的，大多要求不太高，但由于需要长时间开机，因此，CPU功耗是购买CPU时必须考虑的问题。
- 移动办公用户用笔记本计算机来办公，选购CPU时，功耗和散热是首先且必须优先考虑的问题。千万不能用DT版本的CPU。

任务4　购买CPU风扇

任务内容

掌握CPU风扇的选购策略。

任务准备

分析CPU性能需求、应用场合。

操作指导

CPU风扇是CPU的保护者。要使CPU长时间高效稳定工作，选择一款合适的、高效的散热器，是购买CPU的重要一环。购买时需要注意以下几点。

1. 接口类型

接口类型是指CPU散热器所适用的CPU接口类型。这是因为每种接口的CPU其外形大小以及发热量都不同，其CPU插座的尺寸和布局也不同，一般不可混用。例如，AMD Athlon XP使用的散热器就不能用在Socket 478的Intel Pentium 4上，反之亦然。当然，现在也有些散热器带有两种支架，这样就可以支持不同类型的CPU了。如图2-1所示是典型的几款不同接口的CPU风扇。

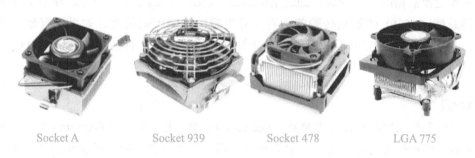

Socket A   Socket 939   Socket 478   LGA 775

图　2-1

2. 散热方式

风冷/热管。风冷是最简单、最经济的散热方式。

3. 散热片材质

铜的导热系数最佳，铝的成本较低。

4. 适用CPU范围

适用CPU的种类越多越好。

相关知识与技能

CPU性能参数

1. 主频、倍频和外频

主频是指CPU内部工作频率，也称为内频。其单位是GHz或MHz。1GHz=1 000MHz。主频是衡量CPU速度快慢的重要指标。主频越高，CPU的速度也就越快。

外频是指CPU的外部基准频率，也称为总线频率。其单位是GHz或MHz。

倍频是指CPU主频与CPU外频的比值，也称为倍频系数，即主频=外频×倍频。

> **小知识** ★★
>
> 　　早期的计算机（286以前）中，外频与总线频率是相等的，不存在倍频与主频的说法。但是，随着CPU生产技术的提高，它自身的运行频率越来越高，而总线频率却不能太高（否则，连接在总线上的其他部件会吃不消！），因此就有了外频与内频的划分。有些电脑发烧友就是通过增大倍频系数，从而让CPU工作在更高的主频上的。

　　注意，Intel公司在最新的Core i系列CPU中，引入了睿频加速技术，使得CPU的主频可以在某一范围内根据处理数据的需要自动调整主频。

2．前端总线（FSB）频率

　　前端总线（FSB）的英文全称是Front Side Bus，是将CPU连接到北桥芯片的总线，是CPU与外界交换数据的主要通道。通过前端总线（FSB），CPU可与内存、显卡交换数据。所以前端总线（FSB）的数据传输能力对计算机整体性能影响很大。如果没有足够快的前端总线，那么再强的CPU也不能明显提高计算机的整体速度。目前主流的前端总线频率有800MHz、1 066MHz。

> **小知识** ★★
>
> 　　以前的很长一段时间内（主要是在Pentium 4出现之前和刚出现Pentium 4时），前端总线频率与外频是相同的，因此通常直接称前端总线为外频。随着计算机技术的发展，CPU与北桥的数据传输速度需要高于其他总线的传输速度，即前端总线（FSB）频率应该高于外频，因此采用了技术使得前端总线的频率成为外频的2倍、4倍或更高。

　　注意，在新一代i7平台CPU中，已经没有了FSB的概念，取而代之的是QPI（Quick Path Interconnect），即快速通道相连。QPI的传输速率比FSB的传输速率快一倍。目前，最高的QPI速率为6.4GT/s。

　　目前主板的外频值一般有200MHz、266MHz和333MHz等几种。有的主板需要用户手动设置外频跳线，而大多数的主板具备"自动侦测"功能——自动侦测CPU类型，自动选择适合它的外频。

3．核心类型及数量

　　核心（Die）又称为内核，是由单晶硅以一定的生产工艺制造出来的，CPU的所有控制和计算都是由核心来完成的。核心是CPU硬件中最重要的部分，也是容易损坏的部分（见图2-2）。

　　目前，Intel公司的CPU核心类型主要有Ivy Bridge、Sandy Bridge和Nehalem Bloomfield等。而AMD公司的CPU核心类型主要有Deneb、Regor、Propus和APU等。

　　一般而言，新类型较旧类型有更高的性能。而且，同一个CPU中，核心的数量越多，CPU的性

中间隆起部分就是核心

图 2-2

能就越强劲。

4. CPU缓存

　　CPU缓存（Cache Memory）是位于CPU与内存之间的临时存储器，它的容量比内存小但交换速度快。有数据表明，CPU和缓存之间的数据存取速度是其和内存之间的存取速度的10～50倍。

　　CPU产品中，一级缓存的容量基本在4～64KB之间，二级缓存的容量分为128KB、256KB、512KB、1MB和2MB，高端CPU的二级缓存容量甚至达到了8MB。各产品之间一级缓存容量相差不大，而二级缓存容量则是提高CPU性能的关键。二级缓存容量的提升是由CPU制造工艺所决定的，容量增大必然导致CPU内部晶体管数的增加，要在有限的CPU面积上集成更大的缓存，对制造工艺的要求也就越高。

　　小张：　"李工，我发现一个现象，高端CPU的二级缓存的容量明显比中端和低端的要大些。"

　　李工：　"嗯，你很善于观察。不错，同一核心的CPU高低端之分通常也是在二级缓存上有差异，由此可见，二级缓存对于CPU的重要性。"

5. 制造工艺

　　CPU的"制造工艺"通常用其生产的精度来表示，精度越高，生产工艺越先进，在同样的材料中可以制造更多的电子元件，连接线也越细，提高CPU的集成度，CPU的功耗也越小。

　　目前，CPU的芯片制造精度已达65nm以下。Intel公司的4核CPU的芯片制造工艺采用了45nm新工艺，晶体管数目前已经超过了7亿只。30nm将是下一代CPU的主流制造工艺。

6. 工作电压

　　CPU的工作电压（Supply Voltage），即CPU正常工作所需的电压。较低的工作电压有CPU的芯片总功耗低、发热量少等优点。

　　目前台式机使用的CPU的核心电压通常为2V以内，如1.30V、1.35V或1.40V。而早期CPU（286～486时代）的核心电压通常为5V。

7. 扩展指令集

　　每个系列的CPU在出厂时就已经内置了与其硬件电路相匹配的指令系统，又称为指令集。指令的强弱是CPU的重要指标。指令集是提高CPU效率的最有效的工具之一。

各种不同的CPU，它们的指令集都差不多。但厂家为了提升某一方面的性能，又开发了扩展指令集，它定义了新的数据和指令，能够大大提高某方面的数据处理能力。

如Intel的MMX（Multi Media Extended）扩展指令集增强了CPU的多媒体处理能力。Intel的SSE、SSE2扩展指令集和AMD的3Dnow！扩展指令集增强了图形图像和Internet等的处理能力。

8. 封装技术

所谓封装是采用特定的材料将CPU芯片固化在其中，以防止空气中的杂质影响到内部电路。封装也可以说是安装半导体集成电路芯片用的外壳，它不仅起到安放、固定、密封、保护芯片和增强导热性能的作用，而且还是沟通芯片内部世界与外部电路的桥梁——芯片上的接点用导线连接到封装外壳的引脚上，这些引脚又通过印制电路板上的导线与其他器件建立连接。因此，对于很多集成电路产品而言，封装技术都是非常关键的一环。

目前采用的CPU封装多是用绝缘的塑料或陶瓷材料包装起来（LGA），能起到密封和提高芯片电热性能的作用。

9. 接口类型

CPU接口类型又称为Socket类型，就是对应到主板上的插槽类型。

Intel和AMD两大厂商的CPU接口类型众多。Intel历史上先后出现了Socket 7、Socket 370、Slot、Socket 423、Socket 478和Socket 775等接口。AMD历史上先后出现了Socket A、Socket 462、Slot A、Socket AM2和Socket AM3等接口类型。

目前Intel的CPU接口Socket 1155是主流，主板上的CPU插槽标记为LGA 1155。但很快，Socket 1366接口类型将成为Intel CPU主流接口。而AMD的CPU接口Socket AM3+是主流，CPU插槽标记为AM3+，很快Socket FM1接口类型将成为AMD CPU主流接口。

项目2 选购主板

小张："李工，听你跟我介绍了这么多的CPU性能参数，请问哪几个参数最重要？"

李工："单从追求速度上讲，主频、前端总线频率、CPU缓存三者是最关键的参数。"

小张："李工，通过这一节的学习，我掌握了不少知识，知道了以前从没接触过的一些术语。比如接口类型、频率、指令集、CPU缓存等。是不是购买一台计算机配件掌握这些就足够了呢？"

李工："不够。CPU虽然是计算机中最重要的部件，但缺少了其他部件的有效配合，CPU性能再高也难以发挥出来。"

小张："还有哪些重要的部件呢？"

李工："主板是计算机配置中最值得学习和研究的部件。"

学习目标

能区分AT主板和ATX主板；重点掌握主板上的插座、接口类型及作用；重点掌握北桥、南桥、BIOS等芯片组的功能、厂商；熟知主板购买策略。

项目任务

根据需要选择稳定性强、兼容性强的主板。

项目分析

主板，又叫主机板（mainboard）、系统板（systemboard）或母板（motherboard）；它安装在机箱内，是计算机最基本的也是最重要的部件之一。

主板在整个计算机系统中扮演着举足轻重的角色。主板的类型和档次决定着整个计算机系统的类型和档次，主板的性能影响整个计算机系统的性能。

任务1　自行查看主板信息

任务内容

自行运行或在老师的帮助下运行CPU_Z测试软件，了解主板信息。

任务准备

多台学生计算机，已经安装好了CPU_Z或其他测试软件包。

操作指导

测试任务完毕后，你能填写表2-3吗？

表2-3　主板信息记录

主板厂商				
型号				
芯片组（北桥）	厂商		修订版本	
	型号			
芯片组（南桥）	厂商		修订版本	
	型号			
BIOS	商标		版本	
	出厂日期			
图形接口	版本		链接宽度	
	最大支持			

任务2　认识几款主流主板

任务内容

了解主流主板的品牌、层次、主要特点和价位区间等信息。

任务准备

上网查询（如www.it168.com），或者查阅相关杂志（如《计算机硬件》《电脑爱好者》等）。

操作指导

表2-4是几款热销的主板（摘自IT168网站，截至2012年10月8日）。

表2-4　几款热销主板

厂商	型号	主要特点	图片	报价
华硕	P8H61-M LE	芯片组：Intel H61 特点：华硕 P8H61-M LE主板采用全新B3版H61芯片组，支持酷睿i3/i5/i7 2000系列处理器，这是一款主打性价比的产品，该主板在市场上一直销量很好。特别适合学生一族选用		350～400元
双敏	UG41MX	芯片组：Intel G41 特点：小板设计，前端总线支持1333MHz，支持Intel 酷睿2至尊/酷睿2双核/酷睿2四核/奔腾双核/赛扬双核/奔腾E/赛扬D处理器。集成X4500显示核心，支持DX10特效。最大特点是价格低廉，兼容性好		250～300元
技嘉	GA-B75M-D3V	芯片组：Intel B75 特点：最大的亮点在于2个USB3.0接口，同时采用全固态电容设计，稳定性较强，拥有技嘉超耐久技术，稳定性强，性价比高		500～600元

任务3　选购主板

任务内容

选购一款适合需求的主板。

任务准备

上网查询（如www.it168.com），或者查阅相关杂志（如《计算机硬件》《电脑爱好者》等）。

 操作指导

1. 优先考虑的因素

1）先选CPU，再选主板芯片组。每一款CPU代表了计算机能够达到的理论化性能。精心挑选芯片组来搭配CPU。每款CPU只能适应一个平台（接口）。对平台的支持是选择芯片组首先要考虑的因素。表2-5是CPU对应主板芯片组的优选方案。

表2-5　CPU对应的主板芯片组

CPU	芯片组厂商	发展走向	芯片组型号
AM2结构处理器	NVIDIA	已经退出市场	NForce5系列芯片组
AM3结构处理器	AMD	目前主流	AMD 770/ 785G/ 880G/890GX
AM3结构处理器	NVIDIA	目前主流	MCP68（兼容AM3/AM2+/AM2）
AM3+结构处理器	AMD	目前主流	760G、770、780L、880G、970、990X等
FM1结构处理器	AMD	今后主流	A55、A75
LGA775结构处理器	Intel	即将退出市场	G41、G45、P41、P43、P45等
LGA1155结构处理器	Intel	目前主流	H61、H67、P67、Z68等
LGA1156结构处理器	Intel	过渡产品，不建议购买	H55、P55

2）升级潜力。如果希望主板能最大限度地支持未来的处理器，那么理想的主板应该是采用了最新芯片组的主板。因为最新的芯片组具有最大的延伸性，未来的处理器至少能在这些芯片组的支持下正常运行。从广义上来看支持分离电压，高倍频、高外频的主板具有最好的处理器支持能力。

3）兼容性。兼容性是指主板对其他硬件或软件的支持程度。兼容性越好，对其他硬件的选择余地就越大。

4）稳定性。稳定性是整个计算机系统正常工作的前提。一般口碑好的品牌主板，经过了严格测试，稳定性要优于普通主板。

> 小张：　"李工，我知道CPU和主板都很重要，可是不明白为什么要先选CPU后选主板。"
>
> 李工：　"你可以把CPU理解为一匹千里马，而主板就是驾驭千里马的骑手。所谓'好马配好鞍'，优秀的骑手能充分发挥千里马的潜力。"

2. 主板选购原则

1）按自己的实际需求，忌贪新求贵。最贵的不一定是最好的。最新的通常兼容性不高。

2）按应用环境和条件。如果机箱偏小，则可选Micro ATX、Flex ATX型主板以节约空间。如需省电和方便，则可选具有STR（即"挂起到内存"）功能的节能型主板。如果经济条件有限，则可考虑整合型主板。如果要求功能前卫，且速度和性能优越，则要选高端主板。

3）对同一价格档次的主板，应该先选品牌，其次选芯片组级别、功能集成度高的主板。

3．主板选购注意事项

1）选大板，尽量不要选小板。小板虽结构紧凑，但布线因为受面积的制约而相当紧凑，离得过近的信号线之间会有一定的干扰。而大板的优势就是有充足的布线空间，能够获得更好的电气性能。并且相对于小板而言，大板的各个插槽接口设计更为人性化，安装起来更加方便。

2）扩展插槽数量。扩展插槽越多，表明可接驳的设备越多。比如，DIMM内存插槽，现在主板上用双色来区分，不但支持容量扩大，还支持双通道技术。再比如，有的主板整合了网卡芯片和声卡芯片，却只有两个PCI插槽，一旦需要安装独立的网卡和声卡，则其他的PCI设备便无法使用了。

3）售后服务。

任务4　识别优劣主板

任务内容

掌握识别主板优劣的技巧。

任务准备

上网查询（如www.it168.com），或者查阅相关杂志（如《计算机硬件》《电脑爱好者》等）。

操作指导

1．看供电模块

CPU有独立的供电模块。但用户常忽视内存和显卡的独立供电模块。缺少独立的内存供电模块，主机会因为内存供电不足而出现蓝屏、自动重启等现象。独立的显卡供电能够给显卡带来稳定而充足的电力，尽可能地减少花屏以及显卡核心电压不稳烧毁的状况。如图2-3所示为自带内存供电模块的主板，如图2-4所示为自带显卡供电模块的主板。

图　2-3

图　2-4

2．主板做工及用料

比如，主板PCB印制板的层数，现在市场上有所谓4层板和6层板之说。PCB板的层数越多，主板的根基越扎实，信号之间的干扰就会越少，能够保证主板上的电子元器件（芯片组、电容、IC等）在恶劣的环境下正常工作不受干扰，使用寿命越长，在使用过程中发生物理故障的可能性越少，当然成本也就会越高。服务器所使用的主板都是6层板或者8层板，高档的商用机使用的主机板是6层板。又比如，有些高端主板的背面设计了锡条，看似不起眼的锡条在主板稳定性方面有着独特的作用，锡条能够进行散热。如图2-5所示是带锡条的主板，如图2-6所示是不带锡条的主板。

图 2-5 图 2-6

3．电容

计算机主板上常见的电容有钽电容和铝电容（电解电容）。铝电容容量较大、价格较低，但易受温度影响、准确度不高，而且随着使用时间变长会逐渐失效。钽电容寿命长、耐高温、准确度高，但是容量较小、价格高，除非是需要大容量滤波的地方（如CPU插槽附近）。否则最好都使用钽电容，因为它不易引起波形失真。

主板上常见电容的鉴别可以从以下几方面入手：按照颜色来区分，黑色的电容最差，绿色的电容要好一些，蓝色的电容要比绿色的电容又要好一点。因此，一般在主板上看到的CPU周围滤波电容都用的是绿色的，而其他地方有些则是黑色的。

4．主板结构布局

一是CPU插槽的周围是否有足够的空间。如果周围电容太密集，供电插座设计不合理，则不但会影响CPU的拆装，还会影响CPU的散热。二是主芯片组与CPU、内存和显卡部分的走线安排是否合适。一块将CPU、内存和显卡设计在离北桥芯片组的位置越近的主板，就越能提高CPU与内存、显卡通过北桥芯片组进行数据交换的速度。南桥的设计也是如此，看其设计是否离主要的存储接口等较近。

 相关知识与技能

一、认识不同种类的主板

1）按主板结构类型来分，共有4种，即AT结构、Baby AT结构、ATX结构和Micro ATX结构。

● AT结构主板。它是最基本的板型，一般应用在586以前的主板上。主板的尺寸较大，计算机内部大量的线缆导致结构复杂，视线混乱，布局不合理。

● Baby AT结构主板。它是AT主板的改良型，比AT主板布局更合理些。

● ATX结构主板。它是目前最常见的主板结构，它在Baby AT的基础上逆时针旋转了90°，这使主板的长边紧贴机箱后部，外设接口可以直接集成到主板上。其尺寸为159mm×44.5mm。由于采用了大规模或超大规模集成电路，使计算机内部大量的线缆大大减少，结构紧凑。

● Micro ATX结构主板。它是ATX结构的简化版。具有更小的主板尺寸、更小的电源供应器。虽然减小主板的尺寸可以降低成本，但是主板上可以使用的I/O扩充槽也相对减少了，Micro ATX最多支持4个扩充槽，这些扩充槽可以是ISA、PCI或AGP等各种规格的组合，视主板制造厂商而定。

2）按CPU插座类型划分，常见的有Socket 478主板、Socket 370主板、Socket 7主板、Slot1主板和Socket A主板，比较新的有Socket 775主板、Socket 1156主板、Socket AM2主板和Socket AM3主板等。

3）按主板厂商划分，主流的有华硕、技嘉、七彩虹、微星、昂达、华擎、Intel、捷波、双敏、精英、翔升、梅捷、致铭、富士康、磐英和超磐手等。

4）按主板所用北桥芯片划分，有Intel主板、SIS主板、VIA主板和AMD主板等。

小张：　"李工，这几种结构的主板现在都在用吧？"

李工：　"现在大多数的计算机主板结构都是ATX结构的了，Micro ATX结构的主板主要用在一些专用服务器上。"

小张：　"那我们是不是马上可以购买一款主板了呢？"

李工：　"不忙，先要了解主板的一些结构方面的知识，购买时才会有的放矢。"

二、认识主板的结构

如图2-7所示是一款技嘉EP41-UD3L主板。

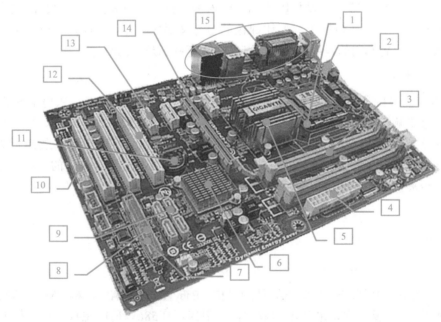

图　2-7

1）CPU插座，又叫Socket接口。是CPU在主板上"生根"的所在。Socket接口适用的CPU越多，主板兼容性越强。图2-7中为Socket 775接口，Intel LGA 775全系列处理器都可以工作在这款主板上，所以，这款主板简称为Socket 775主板。支持Intel Core 2 Extreme处理器、Intel Core 2 Quad处理器、Intel Core 2 Duo处理器、Intel Pentium处理器和Intel Celeron处理器。

CPU专用电源插座

2）CPU专用电源插座，图2-8所示为4芯。早期的主板是没有CPU专用电源插座的。

图 2-8

3）内存条插槽。又叫DIMM（Dual Inline Memory Modules）双列直插式插槽。DIMM可插SDRAM、DDR SDRAM和DDR2 SDRAM型的内存条。这款主板适用于插入DDR2 SDRAM，俗称DDR2内存条，并且支持双通道技术。

> **小知识** ★★
> 　　所谓双通道（DDR）技术，是指一种内存控制和管理技术。在理论上能够使两条同等规格内存所提供的带宽增长一倍。现在CPU的FSB（前端总线频率）越来越高，双通道内存技术是解决FSB带宽与内存带宽（即外频）矛盾的低价、高性能的方案。

4）主板ATX电源插座，为双排共24孔设计，它是主板上各种电路的动力之源。

5）芯片组（北桥）。芯片组（Chipset）是主板的核心组成部分，如果说中央处理器（CPU）是整个计算机系统的心脏，那么芯片组就是整个身体的躯干。对于主板而言，芯片组几乎决定了这块主板的功能，进而影响到整个计算机系统性能的发挥，芯片组是主板的"灵魂"。

CPU的类型、主板的系统总线频率，内存类型、容量和性能，显卡插槽规格是由芯片组中的北桥芯片决定的。

6）芯片组（南桥）。扩展槽的种类与数量、扩展接口的类型和数量（如USB 2.0/1.1、IEEE 1394、串口、并口、笔记本的VGA输出接口）等，是由芯片组的南桥决定的。

到目前为止，能够生产芯片组的厂家有英特尔（美国）、VIA（中国台湾）、SiS（中国台湾）、ULI（中国台湾）、AMD（美国）、NVIDIA（美国）、ATI（加拿大）、ServerWorks（美国）、IBM（美国）和HP（美国）等为数不多的几家，其中以Intel、NVIDIA以及VIA的芯片组最为常见。在台式机的Intel平台上，Intel自家的芯片组占有最大的市场份额，而且产品线齐全。NVIDIA凭借nForce2、nForce3以及nForce4系列芯片组的强大性能，成为AMD平台最优秀的芯片组产品。

> 小张：　"李工，在主板上如何区分北桥和南桥呢？"
> 李工：　"一般，北桥芯片上都带有铝质的散热装置，且距离CPU插槽最近。主板上另外一个最大的芯片（如果没有铝质的散热装置，就是贴片封装）就是南桥了。但是现在有些新主板上，南桥与北桥已经合二为一了"

7）芯片组（BIOS）。BIOS芯片是主板上一块长方形或正方形芯片，BIOS（Basic Input/Output System，基本输入/输出系统）全称是ROM BIOS，是只读存储器基本输入/输出系统的缩写，它负责解决硬件的即时要求，并按软件对硬件的操作要求具体执行。第4章中还将详细介绍。

8）IDE接口。连接IDE硬盘、IDE光驱等存储设备。为双排共40pin，具有防插反（或称防呆）设计。每一个IDE设备接口可接两个IDE存储设备（有主从之分）。

9）SATA接口。连接SATA硬盘、SATA光驱等存储设备。一般主板上有4个这样的接口，分别标记为SATA0～SATA3。与IDE接口不同的是，一个SATA接口只允许接一个SATA硬盘或光驱。图2-9所示是IDE接口和SATA接口的外观。

IDE 接口

SATA 接口

图 2-9

10）Floppy接口。连接软盘驱动器。为双排共34pin，具有防插反（或称防呆）设计。由于软盘容量太小，现在大部分主板上已经没有Floppy接口了。

11）CMOS电池。计算机系统启动时，需要读取主板上CMOS存储器的一些重要的硬件参数。而CMOS存储器里面的参数在主板断电后会自动保存，就是依靠电池来提供能源的。

小张："李工，我设置的计算机开机密码，是不是也保存在CMOS存储器里呢？"

李工："对。计算机不用时，电池就一直在供电。电池的寿命约为2、3年。"

小张："哦，如果长时间不开机，我设置的开机密码在2、3年后可能就无效了，对吗？"

李工："对，所以我们要隔段时间更换新电池。"

12）PCI接口。PCI接口是基于PCI局部总线（Peripheral Component Interconnect，周边元件扩展接口）的扩展插槽，其颜色一般为乳白色，是网卡、声卡等以及早期显卡的接口。PCI总线工作在33MHz频率之下，传输带宽达到133MB/s（33MHz×32bit/s）。

小知识★★

显卡的传输带宽要求越来越高，于是出现了AGP接口。AGP是Accelerated Graphics Port（图形加速端口）的缩写，是Intel解决计算机处理（主要是显示）3D图形能力差的问题而研制的，是显示卡的专用扩展插槽。它是在PCI图形接口的基础上发展而来的。AGP标准分为AGP1.0（AGP 1X和AGP2X）、AGP2.0（AGP4X）和AGP3.0（AGP 8X），分别提供了266MB/s、533MB/s、1 066MB/s和2 132MB/s的带宽。

计算机组装与维护实训教程

主板上AGP接口插槽通常是棕色的（见图2-10）。

图 2-10

13）PCI-Express X1接口。

14）PCI-Express X16接口。目前主要用于显卡。

PCI-Express是最新的总线和接口标准。这个新标准将全面取代现行的PCI和AGP，最终实现总线标准的统一。它的主要优势是数据传输速率高，目前最高可达到10GB/s以上，而且还有相当大的发展潜力。PCI-Express也有多种规格，从PCI-Express X1到PCI-Express X16，能满足现在和将来一定时间内出现的低速和高速设备的需求。

小知识★★

　　PCI-Express（以下简称PCI-E）采用了目前业内流行的点对点串行连接，比起PCI以及更早期的计算机总线的共享并行架构，每个设备都有自己的专用连接，不需要向整个总线请求带宽，而且可以把数据传输率提高到一个很高的频率，达到PCI所不能提供的高带宽。

小张：　"李工，总线接口的种类真多、发展真快啊，我都有点糊涂了。"

李工：　"是啊，特别是这个PCI-Express，也有多种规格，从PCI-Express 1X到PCI-Express 16X，能满足现在和将来一定时间内出现的低速设备和高速设备的需求。"

小张：　"是不是将来选购主板时，都要选用PCI-Express接口？"

李工：　"不，PCI-Express也不是免费的午餐。要完全替代PCI和AGP总线还有段时间。目前能支持PCI-Express的主要是英特尔的i915和i925系列芯片组。"

小张：　"哦，那我购买时可要先查查主板芯片组是不是支持PCI-Express总线标准了。"

15）主板背板接口（见图2-11）。

① PS/2键盘接口。

② PS/2鼠标接口。

③ 并行接口（LPT）。通常用来连接打印机等输出设备，所以也称打印机接口。

④ USB接口。即通用串行总线接口。它具有传输速度更快，支持热插拔以及连接多个设备的特点，用来连接U盘、移动硬盘等外存储设备。现在USB接口可连接的外设的种类很多，如数码相机、打印机、扫描仪、多功能一体机等。所以USB接口数量越多，能同时接的外设越多。

小知识★★

　　目前USB接口版本有两种：USB1.1和USB2.0。理论上USB1.1的传输速度可以达到12Mbit/s，USB2.0的速度可以达到480Mbit/s，并且可以向下兼容USB1.1。但是USB2.0接口的产品还需要计算机系统支持，否则也只能当作USB1.1接口使用。

⑤ RJ-45网线接口。计算机通过双绞线连接到网络的接口。

⑥ 音源输入接口。

⑦ 音源输出接口。

⑧ 传声器接口。

⑨ 串行通信接口（COM），又称为串口。通常用来连接老式的调制解调器（Modem），奔腾586之前的计算机还用它来连接串行鼠标或键盘。现在很多主板已经不再提供这个接口。

⑩ 光纤输出接口。

⑪ 同轴电缆输出接口。

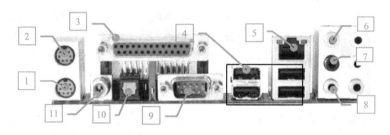

图 2-11

三、新型主板

传统上，主板上的北桥芯片和南桥芯片扮演着重要角色（见图2-12）。

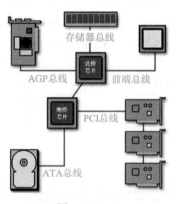

图 2-12

但是，北桥芯片工作时发热量大，且其数据传输速率成为整个系统的瓶颈，在一些新型主板中，北桥芯片的部分功能已经被CPU"吞并"。Intel与AMD的新一代处理器，已经将传统北桥的大部分功能整合在了CPU内部，Intel的Clarkdale与Sandybridge处理器则是完全整合北桥芯片，与其搭配的P55/H55/P67/H67等芯片组其实就是南桥。目前市场上热卖的Core i3 5××和Core i5 6××处理器就是基于Clarkdale核心的产品，它们首次整合了北桥芯片（包括集成显卡）。华硕P7P55D主板已经没有传统意义上的北桥了（见图2-13）。

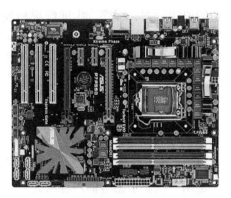

图　2-13

小张：　"李工，通过本项目的几个活动，我对计算机部件又有了新的认识。"

李工：　"你说说看购买主板都有哪些注意事项吧。"

小张：　"根据CPU来选芯片组，考虑主板兼容性及稳定性……"

李工：　"嗯，不错。本节的知识量是比较大的，如总线、接口技术都比较艰深，需要一定的电路常识。但对于一个行业工作者来说，不可能掌握全部的技术。重要的是学会查看主板说明书。说明书上提供了大量的信息。"

小张：　"好的。我会注意。下面该购买内存条了吧？"

李工：　"是的，先让我们来看一些典型的内存条吧。"

项目3　选购内存

李工：　"小张，我们在前面介绍过主板的内存插槽，你能说一说吗？"

小张：　"分成DDR SDRAM、DDR2 SDRAM和DDR3 SDRAM三种，他们对应的内存条触点数有184pin、184pin和240pin。"

李工：　"对，我还给你介绍了双通道技术。现在我们还要花点时间详细了解内存条。"

 学习目标

了解内存的分类方法；重点掌握DDR SDRAM、DDR2 SDRAM和DDR3 SDRAM（一代、二代、三代）内存条的特点；掌握内存的性能参数；了解内存超频技术。

 项目任务

根据需要选择适当的内存条。

 项目分析

内存也称为内部存储器、RAM或主存。按照冯·诺依曼体系结构，内存是计算机的记忆装置，用来记录运算过程中的原始数据、程序、中间结果和最后结果等。外部数据必须加载到内存才能被CPU调用。而完成处理的数据先由CPU送回内存，再保存到外部存储器中。

选购一款容量足够、性能稳定的内存条，对于一台完整的计算机显然非常重要。

任务内容

掌握内存条的选购技巧，选购一款质量上等的内存条。

任务准备

上网查询（如www.it168.com）、或者查阅相关杂志（如《计算机硬件》《电脑爱好者》等）。

操作指导

1．主板芯片组兼容性

目前市场主流内存有DDR3-1066、DDR3-1333、DDR3-1600，老一点的计算机一般使用的是DDR266/333。即使买了一款最新的内存条，在老式主板上也完全不能发挥应用的功效。因此，要详细研究主板说明书。

2．扩容时的兼容性

在一台计算机中最好使用同一性能、同一品牌、同一容量的内存条，这样在使用中稳定高效。

3．内存条做工

名牌内存条都是6层PCB板，而且金手指比较厚实，插在主板上不易松动。

4．品牌

市场上主流的内存品牌是金士顿、宇瞻、三星、金邦和现代等。

5．真货与假货

内存条是计算机配件中受假货干扰比较大的，越是大品牌，越是受害深。因此，购买时一定要选信誉好的商家。还要掌握真伪鉴别方法。比如，Kingston内存的外包装，在内存模组上寻找一个1.5cm×0.65cm左右大小的标签，如图2-14所示。

图　2-14

接下来，登录Kingston内存验证网站：www.kingston.com/china/verify，填入标签上所显示的ID#（例如，99P5429-006.A01LF），再填入标签上所显示的序列号（例如，4400733-1567200），输入其他辅助信息，网站很快就会给你一个真伪鉴别的答案。

> 小张： "李工，内存条比主板好学多了。"
>
> 李工： "是的。在计算机系统里面，内存是一个很重要的因素，选择一款能匹配主板的内存条还是有不少学问的。"
>
> 小张： "最主要的是看主板芯片组对内存的支持程度。"
>
> 李工： "呵呵，看来你长进不小啊。不过，面对鱼龙混杂的内存条市场，只有自己'强大'了，才不会遭暗算。"

任务2　扩充内存容量

任务内容

深刻理解内存容量对系统运行的意义，掌握内存扩容的方法。

任务准备

收集计算机内存品牌、型号、容量和种类信息，收集主板能够支持的内存信息。可通过阅读主板说明书来完成。

操作指导

小张的朋友喜欢同时运行多个程序，打开多个窗口，Windows不时弹出内存不足的警告。于是这些用户就急忙到电脑城随便买来一根内存条。但花了钱却达不到预期效果。下面是小张和李工的对话。

> 小张： "李工，我经常听朋友说内存不够大，要扩容，是不是买两根内存条插入就可以了？"
>
> 李工： "不行的。每一款主板只支持一种内存条。而常见的却有4种内存条，即SDRAM、DDR SDRAM、DDR2 SDRAM和DDR3 SDRAM，对应的插槽有4种。而这4种插槽的触点数也不同，分别是168pin、184pin、240pin和240pin。"
>
> 小张： "也就是说如果要买内存条来扩容，只能根据主板上DIMM的种类来进行。"
>
> 李工： "是的。而且最好买同一个型号同种容量的，这样内存的兼容性最好。"
>
> 小张： "市面上最常用的是哪种呢？"
>
> 李工： "以DDR3内存为主，DDR和SDRAM的很少了，有的也可能是用过的。"

任务3　开启双通道内存

任务内容

深刻理解内存双通道技术对系统运行的意义，掌握开启内存双通道的方法。

任务准备

收集计算机的内存品牌、型号、容量和种类信息，收集主板能够支持的内存信息。可通过阅读主板说明书来完成。

操作指导

小张的朋友刚买了一款新主板，听销售商说，该主板支持双通道内存技术。双通道是两根内存条加在一起吗？下面是小张和李工的对话。

小张：　"李工，如何查看我的主板是不是启用双通道了呢？"

李工：　"双通道技术是有条件支持的。具体到主板上，应该将两根相同的DDR3内存条分别插入到两个颜色相同的插槽内。只把一根DDR3内存条或两根DDR3内存条插在相邻的插槽内并不能启用双通道，只是内存增加一倍而已。

此外有些主板还要在BIOS作一下设置，一般主板说明书会有说明。当系统已经实现双通道后，有些主板在开机自检时会有提示，可以仔细看一看。因为自检速度比较快，所以可能看不到。因此，可以用一些软件查看，很多软件都可以检查，比如CPU-Z，比较小巧。在"memory"这一项中有"channels"项目，如果这里显示"Dual"这样的字，就表示已经实现了双通道。两条256M的内存构成双通道效果会比一条512M的内存效果好，因为一条内存无法构成双通道。"

小张：　"哦，我知道如何开启双通道了。"

相关知识与技能

一、内存条类型

根据传输类型，内存条又可分成SDRAM、DDR SDRAM、DDR2 SDRAM、DDR3 SDRAM和RDRAM共5种类型。其中RDRAM始终没有成为市场主流，只有部分芯片组支持。如图2-15所示是市场上曾经或正在"呼风唤雨"的内存条类型。

1）SDRAM内存条。业界俗称SD内存条。典型特征是有两个缺口、168pin。SDRAM，即Synchronous DRAM（同步动态随机存储器），曾经是计算机上最为广泛应用的一种内存类型，即便在今天SDRAM仍旧还在市场占有一席之地。SDRAM不仅应用在内存上，在显存上也较为常见。

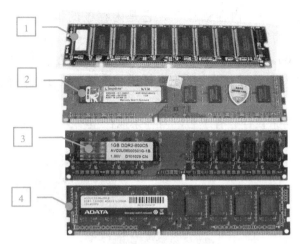

图 2-15

2）DDR SDRAM内存条。业界俗称DDR内存条。DDR SDRAM是Double Data Rate SDRAM的缩写，是双倍速率同步动态随机存储器的意思。DDR内存是在SDRAM内存基础上发展而来的，从外形体积上DDR内存条与SDRAM内存条相比差别并不大，他们具有同样的尺寸和同样的针脚距离，只有一个缺口，但DDR为184pin，比SDRAM多出了16pin。

3）DDR2 SDRAM内存条。业界俗称DDR2内存条。和DDR内存条相同的是只有一个缺口。不同的是为240pin。

4）DDR3 SDRAM内存条。业界俗称DDR3内存条。和DDR2内存条一样均为一个缺口，240pin。目前，DDR3内存条为市场上新配计算机的主流类型。

一款主板上的内存插槽只支持一种内存条种类。因为内存条的外形规格及电气性能均不同。即便是DDR3和DDR2内存条也不能混插。如图2-16所示为3种DDR内存条外观上的区别。

图 2-16

二、内存条结构

内存条作为计算机内部核心部件之一，分成5个部分，如图2-17所示。

1）内存芯片。也称为"内存颗粒"。它是内存条的核心，也是影响内存的重要因素。虽然内存条的品牌有很多，但能够生产芯片的却不多。四大颗粒品牌为：Samsung、Hynix、Infineon和Micron。这些颗粒的品质卓越、兼容性和稳定性都得到了广泛认可。

2）金手指。它将内存条与主板上的内存插槽相连接。由于上面有镀金的铜导线，俗称为"金手指"。

3）内存条缺口。防呆设计。有了它，内存条插在主板上不会插反。

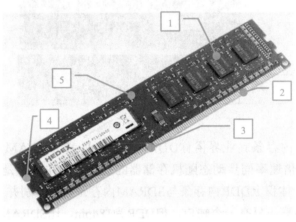

图　2-17

4）内存条固定卡口。插在主板上全靠它紧固。

5）PCB板。内存条的PCB虽小，但是却非常大地影响了工作频率和稳定性。现在市场上内存条的PCB板也有4层板和6层板之分。名牌内存条用的是6层板。

三、内存条性能参数

1．等效传输频率

内存条最重要的参数是等效传输频率。如现在流行的DDR2内存条有DDR2 400、DDR2 533、DDR2 667和DDR2 800等几种规格，后面的数字就代表内存的等效传输频率（传输速度），见表2-6。

表2-6　DDR2规格内存条

DDR2规格	传输标准	核心频率	总线频率	等效传输频率	数据传输率
DDR2 400	PC2 3200	100MHz	200MHz	400MHz	3 200MB/s
DDR2 533	PC2 4300	133MHz	266MHz	533MHz	4 300MB/s
DDR2 667	PC2 5300	166MHz	333MHz	667MHz	5 300MB/s
DDR2 800	PC2 6400	200MHz	400MHz	800MHz	6 400MB/s

2．速度

内存条的速度一般用存取一次数据的时间（单位一般用ns）来作为性能指标，时间越短，速度就越快。普通内存速度只能达到70～80ns，EDO内存速度可达到60ns，而SDRAM内存速度则已达到7ns。DDR及DDR2内存条存取一次数据的时间可达到6ns以下。

3. 容量

内存条容量大小有多种规格，早期的30线内存条有256KB、1MB、4MB和8MB多种容量，72线的EDO内存则多为4MB、8MB和16MB，而168线的SDRAM内存大多为16MB、32MB、64MB、128MB和512MB容量，甚至更高。而现在市场上普通的DDR内存条容量为512MB～1GB容量，DDR2或DDR3内存的容量已经达到2GB以上。

4. 奇偶校验，又称ECC校验

为检验存取数据是否准确无误，内存条中每8位容量就能配备1位作为奇偶校验位，并配合主板的奇偶校验电路对存取的数据进行正确校验。但是，在实际使用中有无奇偶校验位对系统性能并没有什么影响，因此，目前大多数内存条上已不再加装校验芯片。

5. 内存的电压

内存正常工作所需要的电压值，不同类型的内存电压也不同，但各自均有自己的规格，超出其规格，容易造成内存损坏。DRAM内存为3.3V，DDR SDRAM内存为2.5V，DDR2 SDRAM内存为1.8V，它们都在允许的范围内浮动。略微提高内存电压，有利于内存超频，但是同时发热量大大增加，因此，有损坏硬件的风险。

6. CL时间

CL又叫"内存延迟时间"，CL设置反映出了该内存在CPU接到读取内存数据的指令后，到正式开始读取数据所需的等待时间。不难看出，同频率的内存CL设置低的更具有速度优势。目前典型DDR的CL值为2.5或者2，而大部分DDR2 533的延迟参数都是4或者5，少量高端DDR2的CL值可以达到3。

小张： "李工，内存也可以超频吗？"

李工： "是的。对系统要求高和喜欢超频的用户通常喜欢购买CL值较低的内存。"

小张： "那又该如何设置CL时间呢？"

李工： "可以在CMOS参数里面调整。但如果对计算机不熟练，则最好保持内存条的出厂设置。"

四、如何调整内存时序

从内存规范PC100标准开始，内存条上带有SPD芯片，SPD芯片是内存条正面右侧的一块8管脚小芯片，里面保存着内存条的速度、工作频率、容量、工作电压、CAS、tRCD、tRP、tAC和SPD等版本信息。

在业界，SPD芯片里面的存储信息又称为"内存时序"。

当开机时，支持SPD功能的主板BIOS就会读取SPD中的信息，按照读取的值来设置内存的存取时间。

内存时序的格式为：×-×-×-×，含义依次如下。CAS Latency（简称CL值），内存CAS延迟时间，它是内存的重要参数之一，某些品牌的内存会把CL值印在内存条的标签上。RAS-to-CAS Delay（tRCD），内存行地址传输到列地址的延迟时间。Row-precharge Delay（tRP），内存行地址选通脉冲预充电时间。Row-active Delay（tRAS），内存行地址选通延迟。这是玩家最关注的4项时序调节，在大部分主板的BIOS中可以设定，在同样频率设定下，最低"2-2-2-5"这种序列时序的内存模组确实能够带来比"3-4-4-8"更高的内存性能，幅度在3至5个百分点。如图2-18所示是在某台计算机上运行CPU-Z后检测到的内存时序参数。

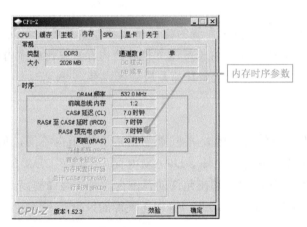

图　2-18

小张："李工，这就是所谓的内存超频吗？"

李工："对。但内存超频属于玩家'专利'。弄不好计算机工作极不稳定，甚至启动不了。"

小张："我会注意的。"

话虽这么说，但小张下定决心，有机会一定要体会一下内存超频的快感。

项目4　选购外存储设备

李工："小张，还记得我们在第1章时讲过的外存储设备吗？"

小张： "记得，大概有硬盘、光驱、U盘等几种类型。"

李工： "是的。现在的计算机基本上都是多媒体计算机，需要存储海量数据，没有外存储设备是不可想象的。"

 学习目标

熟知外存储设备的种类及各自特点；重点掌握IDE、SATA接口硬盘、光驱的特点、性能参数；了解光盘刻录技术。

 项目任务

根据需要选择硬盘、光驱。

 项目分析

外存储器也称辅助存储器，简称外存或辅存。外存主要指那些容量比主存大、读取速度较慢、通常用来存放需要永久保存的或相对来说暂时不用的各种程序和数据的存储器。

选购一款容量足够大、读写速度足够快的外存储器，可以大大地提高计算机的工作效率。

 项目内容

根据需要，选购一款合适的硬盘、光驱、USB接口盘。

 项目准备

收集计算机市场上主流硬盘、光驱、USB接口盘的品牌、型号、容量、接口种类信息，阅读主板说明书。

 操作指导

硬盘是计算机重要的外存储设备。选择一款性价比高的硬盘产品，需要考虑接口类型、容量、缓存和转速等主要技术指标。除此之外，硬盘的品牌也是用户不得不考虑的因素。硬盘生产商有希捷（Seagate）、西部数据（WD）、日立（Hitachi）和三星（Samsung）。

目前，市场上热销的产品系列有希捷酷鱼7200.11系列、西部数据鱼子酱Caviar GP系列。它们都是SATA接口类型、7200转速、2M以上高速缓存、500GB以上容量。IDE接口的硬盘已经全面停产，为了维修与更换的方便性，不建议购买。如果购买的是服务器硬盘，则最好考虑SCSI接口并且带有SCSI阵列卡的硬盘。

光驱也是计算机重要的外存储设备。但市面上光驱的品牌众多，价格从150～250元不等，质量并无太大差别。主要考虑接口类型、倍速、盘片纠错能力、是否带有CD/DVD刻录功能和噪声等因素。目前IDE接口的52倍速光驱还是市场主流。最好选取一款带DVD刻录功能的光驱，价格只相差100元左右。

USB接口盘是一种非常便于携带的外存储设备。市场上的品牌众多，比如，金士顿、联想、清华紫光、爱国者和朗科等，价格相差也不大。购买时需要考虑支持的USB协议版本、容量、Flash类型、是否带有保护锁等主要技术指标。优质盘读写次数明显多于劣质盘。

 相关知识与技能

一、认识各种不同的外存储设备

如图2-19所示为各种不同的外存类型。

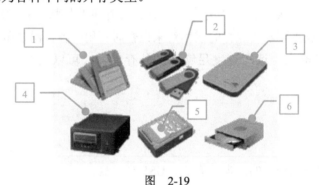

图 2-19

1．软盘

软盘有5in和3.5in之分，容量分别为740KB和1.44MB。软盘具有容量小，且读写次数有限，容易损坏的特点，因此，现在基本上很少看到了。

2．U盘

它是USB接口盘的简称，是基于USB接口、以闪存芯片为存储介质的无需驱动器的新一代存储设备。U盘体积小巧，特别适合随身携带，是理想的移动办公及数据存储交换产品。其容量一般在512MB～1GB之间，现在最高容量已有8GB的产品。Flash（闪存）芯片是U盘的核心，品牌生产商有三星、芯邦、安国、现代和Intel等。

3．移动硬盘

移动硬盘顾名思义是以硬盘为存储介质，并在计算机之间交换大容量数据，强调便携性的存储产品。它具有容量大、传输速度快（USB 2.0接口的硬盘可达60MB/s，火线接口的硬盘可达50MB/s）、使用方便和可靠性提升等特点。目前，1.5in移动硬盘大多提供60GB、80GB

容量，2.5in的还有120GB、160GB、200GB、250GB、320GB和1 024GB（1TB）的容量，3.5in的移动硬盘还有500GB、640GB、750GB和1TB的大容量。

4．磁带机

磁带机的工作原理，就像普通音乐磁带一样，只是存储数字信息的格式不同，并且有更加严格的数据校验功能。所以只有专用的磁带机才能读出磁带里的数据。

计算机上看不到磁带机的盘符，是因为需要安装驱动程序。磁带机的特点是容量大，可达10GB以上，但读写速度慢，需要计算机具有SCSI接口，只用在特殊场合，如重要数据备份。

5．硬盘

硬盘是计算机中最重要的外存储设备，用户所使用的应用程序、数据和文档几乎都存在硬盘上。硬盘又分为机械式硬盘和固态硬盘，在后面还将深入研究硬盘。

6．光盘

光盘存储容量大、价格便宜、数据保存时间长。常见光盘盘片有CD-R、CD-RW、DVD-R、DVD-RW、DVD+RW和MO盘等，光盘盘片直径120mm，内孔15mm，厚度1.2mm。MO盘的致命缺点是不能用普通CD-ROM驱动器读出，MO盘主要在广告制作、图像设计、信息处理等领域被使用。

CD-R和CD-RW的容量在650～800MB之间，一般为700MB。

DVD-R、DVD-RW和DVD+RW盘片的容量分4种：

- 单面单层4.7GB，也叫DVD-5
- 单面双层8.5GB，也叫DVD-9
- 双面单层9.4GB，也叫DVD-10
- 双面双层17GB，也叫DVD-18

实际上目前可以买到的都是单面单层4.7GB的。此外，有些光盘盘片会做成特殊形状，面积都比较小，俗称小盘，这样的光盘容量要小很多。

不管是哪一种光盘，都需要光驱来读取。光驱是光学驱动器的简称。它是一个结合光学、机械及电子技术的产品。激光头是光驱的中心部件，光驱就是靠它来读取光盘中的数据。而有些光驱带有刻录功能，能够把数据写入指定类型的光盘。

小张："李工，我经常听老师说刻录光盘，是怎么回事啊。"

李工："要了解各种盘片的特点。CD-R和DVD-R是只能读取不能写入的盘片。CD-RW和DVD-RW是既可以读取，也可以经由刻录机写入的盘片。因此，拿到一张盘片，看上面的产品种类就知道能不能刻录了。"

二、深入研究机械式硬盘

1．硬盘的外观

硬盘是计算机中最重要的外部存储设备。常见的硬盘多为3.5in产品，盘片密封在金属盒内。如图2-20所示为硬盘正面，如图2-21所示为硬盘背面。

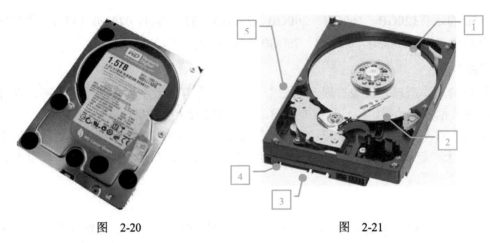

图　2-20　　　　　　　　　　　　　　　　图　2-21

2．硬盘的结构

在图2-21中：

1）是磁盘盘片，它是数据载体。

2）是读写磁头组件，包括读写磁头、传动手臂和传动轴几部分。

3）是硬盘数据接口。图2-21中为SATA接口。

4）是硬盘电源线。是硬盘的动力之源。

5）磁头激励器组件。包括电磁线圈、电机磁头和驱动小车等装置，是硬盘的读写驱动系统。

3．硬盘的接口

1）IDE接口（见图2-22），它对应的硬盘在业界简称为"IDE硬盘"或"PATA硬盘"或"并行ATA硬盘"，是目前用户群最多的一种接口形式。新款IDE硬盘的传输速度为100MB/s。由于技术的发展，IDE硬盘将逐渐被淘汰。

图　2-22

2）SATA接口，它对应的硬盘在业界简称为"串口硬盘"，是目前新配置计算机的硬盘中最流行的一种接口形式。SATA主要用于取代遇到瓶颈的PATA接口技术。

在数据线上，SATA与PATA硬盘差别很大。以往的PATA硬盘采用的是40或80针的扁平硬盘线作为传输数据的通道，而SATA接口的硬盘采用的是7芯的数据线，如图2-23所示。

在电源线上SATA与PATA硬盘各不相同。这是因为SATA硬盘需要3.3V、5V和12V等多种电压，几种不同的电压加在一起就需要输入的电源线要有15个针脚了。而以前使用的PATA硬盘采用是D型4针电源接口，因为在一些旧电源上并没有为SATA硬盘提供专用的电源线插头，所以很多SATA硬盘除了SATA硬盘的专用电源接口之外，还提供了传统PATA硬盘使用的D型4针电源接口，如图2-24所示。

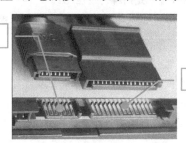

图 2-23

图 2-24

> **小知识** ★★
>
> SATA（Serial Advanced Technology Attachment）是串行ATA的缩写，目前能够见到的有SATA-1和SATA-2两种标准，对应的传输速度分别是150MB/s和300MB/s。SATA一般采用点对点的连接方式，即一端连接主板上的SATA接口，另一端直接连接硬盘，没有其他设备可以共享这条数据线。而PATA允许每条数据线可以连接1～2个设备，但两个硬盘需要设置主盘和从盘。

4．硬盘的主要技术参数

1）容量。硬盘的容量是以MB（兆）和GB（千兆）为单位的，早期的硬盘容量低，大多以MB（兆）为单位。现在主流硬盘的容量已经有40GB、60GB、80GB、100GB、120GB、160GB、200GB和500GB，硬盘技术还在继续发展，更大容量的硬盘还将不断推出。

2）单碟容量及碟片数。单碟容量（Storage per Disk）是硬盘相当重要的参数之一，在一定程度上决定着硬盘的性能高低。硬盘是由多个存储碟片组合而成的，单碟容量就是一个存储碟所能存储的最大数据量。由于受到硬盘整体体积和生产成本的限制，碟片数量都受到限制，一般都在5片以内，所以单碟容量的指标就显得很重要。目前家用计算机的碟片数都为1。

3）转速。转速（Rotational Speed）是硬盘内电机主轴的旋转速度，也就是硬盘盘片在一分钟内所能完成的最大转数。转速用每一分钟内电机转动次数来表示，单位表示为rpm。转速的快慢是标示硬盘性能的重要参数之一，它是决定硬盘内部传输率的关键因素之一，在很大程度上直接影响硬盘的存取速度。目前，市场上有5 400rpm和7 200rpm两种规格，5 400rpm的产品多用于笔记本电脑，台式机以7 200rpm为主。服务器用户对硬盘性能要求最高，服务器中使用的SCSI硬盘转速基本都采用10 000rpm，甚至还有15 000rpm的。

4）硬盘缓存。缓存（Cache Memory）是硬盘控制器上的一个内存芯片，具有极快的存取速度，它是硬盘内部存储和外界接口之间的缓冲器。缓存的大小与速度是直接关系到硬盘的传输速度的重要因素，能够大幅度地提高硬盘整体性能。早期的硬盘缓存都很小，只有几百KB，已无法满足用户的需求。16MB和32MB缓存为现今主流硬盘所采用。

5）平均寻道时间。平均寻道时间是硬盘性能至关重要的参数之一。它是指硬盘在接收到系统指令后，磁头从开始移动至数据所在的磁道所花费时间的平均值，在一定程度上体现了硬盘读取数据的能力，是影响硬盘内部数据传输率的重要参数，单位为毫秒（ms）。平均寻道时间越低，则产品越好，现今主流的硬盘产品平均寻道时间都在9ms左右。

> 小张："李工，在CPU选购中你也讲过缓存，硬盘缓存也是同样的道理吧？"
> 李工："原理上相似。硬盘的缓存主要起3种作用：一是预先读取，二是对写入动作进行缓存，三是临时存储最近访问过的数据。"
> 小张："是不是说硬盘的缓存越大越好呢？"
> 李工："硬盘缓存并不是越大性能就越出众。关键在于缓存应用的算法的问题，即便缓存容量很大，而没有一个高效率的算法，那将导致应用中缓存数据的命中率偏低，无法有效发挥出大容量缓存的优势。但是缓存容量越来越大是硬盘发展的一个趋势。"

三、新型硬盘技术——固态硬盘

固态硬盘存取技术是目前硬盘领域发展的最新技术，许多用户开始把目光投向这一新鲜产品。

固态硬盘（Solid State Drive）由控制单元和存储单元（Flash芯片或DRAM）组成，简单地说就是用固态电子存储芯片阵列而制成的硬盘。固态硬盘的接口规范和定义、功能及使用方法与机械式硬盘相同。

相比机械式硬盘，固态硬盘的主要优点是数据存取速度快、防震抗摔、无噪声、重量轻、耗电低，在一些高端笔记本电脑中成为标准配置。缺点是容量比较低，目前价格很高。今后的几年，价格会逐步下降，容量也会扩大。

目前，市场上的固态硬盘品牌有金士顿、Intel、威刚、镁光、源科和海盗船等；存储介质以Flash芯片为主；其数据接口普遍采用SATA-3，数据最大读取速度可达550MB/s，数据持续写入速度可达200～500MB/s，盘体宽度有1.8in、2.5in和3.5in多种，但以2.5in居多。2.5in的固态硬盘安装在台式机舱位中前部，须先安装在固定支架上。有些固态硬盘外观像一块插卡，直接插入主板上的对应接口即可。如图2-25所示为盒装式固态硬盘（镁光M4 64GB CT64M4SSD2/2.5in），如图2-26所示为插卡式固态硬盘（威刚SX300/256GB）。

图 2-25　　　　　　　　　　　　　　　　图 2-26

项目5　选购显示设备

> 李工："还记得计算机有哪些输出设备吗？"

小张： "记得。有显示器、打印机和绘图仪等。"

李工： "对显示设备你是怎么看的？"

小张（有些不好意思地）： "就是把CPU计算、控制信息显示在显示器上。"

李工： "这种理解是比较肤浅的。CPU计算、控制信息是二进制数据信号，而显示器与电视机原理是一样的，只能接收模拟信号。中间必须有一个转换设备……"

小张（很急迫地）： "是不是显卡啊？"

李工： "呵呵，正是。在主板上有几个扩展插槽，还有印象吗？"

小张： "有PCI、AGP和PCI-Express等。但不知用来做什么。"

李工： "它与显卡安装有很大关系。"

 学习目标

熟知显卡和显示器的种类和性能参数，掌握选购策略。

 项目任务

根据需要选择显卡和显示器。

 项目分析

计算机的各大部件中，品牌型号之间价差最大、最难以把握的就是显卡了。依据工作性质的不同，可以配置不同档次和性能的显卡。

 任务1　选购显卡和显示器

 任务内容

根据需要，选购一款合适的显卡和显示器。

任务准备

收集计算机市面上主流显卡的品牌、型号、接口种类、显存大小、GPU和价格等信息。也可关注专业测评网站上的有关信息。

同时收集主流显示器的品牌、型号、带宽、分辨率、点缺陷和色深等信息。

 操作指导

购买显卡时，应重点从以下几个方面考虑。

1）显卡做工。目前市面上的显卡多如牛毛，质量良莠不齐。购买时应该细看PCB基板层数、电容种类和主芯片散热情况等。

2）显存。显存容量当然是越大越好，但目前市面上的显卡显存容量足够使用，真正决定显卡品质高低的是显存位宽。显存位宽是显卡性能高低的决定因素。显存带宽的计算公式为显存带宽=工作频率×显存位宽/8。因此，二者应该兼顾，不要被销售商片面鼓吹的显存容量所迷惑。

3）显示芯片GPU。GPU主要由NVIDIA与ATI两家厂商生产。Intel公司的GPU主要集中在集成主板市场。NVIDIA的产品线有Geforce 6600GT、Geforce 6800、Geforce 6800LE、Geforce 6800GT和Geforce 6800Ultra等。而ATI的产品线有Radeon X850Pro、Radeon X850XT和Radeon X850XT PE等。

显卡是计算机中价格差距比较大的一个部件，也是最难把握的部件。计算机档次高低有时从显卡的配置上可见分晓。所以购买显卡时，先要明确计算机的用途。

对于普通家用及办公用计算机，目前市场上的显卡都能满足要求，如果经费紧张，则可以考虑集成显卡，即主板上附带有显示芯片，显存为共享主内存的一种方式。

对于作平面设计的用户来说，应该注重显卡的2D加速性能和画质。这方面，ATI的Radeon系列显卡是真正的32位真彩，值得用户选用。

对于从事3D制作的用户，应该更加注重显卡的3D加速性能。

目前显示器分成两种。一是纯平显示器，二是液晶显示器。如果是家庭用户，则建议购买液晶显示器，主要关注液晶面板、分辨率、可视角度、响应时间和色深等性能参数指标。而如果是图形图像用户，则建议购买纯平显示器，因为再好的液晶显示器都存在响应时间的问题。高档纯平显示器点距可达0.21mm以下，显示效果比液晶显示器要强得多。除此之外，还应关注纯平显示器的分辨率、刷新频率和带宽等性能参数。

任务2　计算显卡传输带宽

任务内容

了解速度、频率和带宽等常用术语的含义。

操作指导

小张没有学过电子电路方面的知识，对速度、频率和带宽等术语不明白其含义。但这并不影响他学习的劲头。你看，他现在又向李工请教了。

小张：　"李工，这里有传输速度、传输带宽，我都搞糊涂了。"

李工：　"呵呵，深究才能真正掌握更多知识。它们是计算机电子通信领域的术语。可以这样简单理解：速度是指电子器件每秒钟工作的次数，用MHz来表示，意即1 000 000次每秒。而带宽指每秒传输的数据总量，用Mbit/s来表示。现在的CPU都是32位，即每次可处理32个二进制位（bit）。而一个字节（B）等于8bit，比如，PCI显卡工作在66MHz的频率下，传输的数据量应该是多少呢？"

小张："我想一想……66×1 000 000×32/8=266MB"

李工："对了，因此，这个显卡的传输带宽就是266MB/s了"

小张："还真有些复杂呢，但有意思。"

任务3　查看开机显示信息

任务内容

查看显卡的GPU种类、显卡BIOS版本和显存大小等信息。

任务准备

开机启动的过程中，画面一闪而过，要及时按<Pause>键。

操作指导

开机自检时首先检查的硬件就是显卡，因此，启动计算机以后在屏幕左上角出现的几行文字就是显卡的"个人资料"介绍，如图2-27所示。

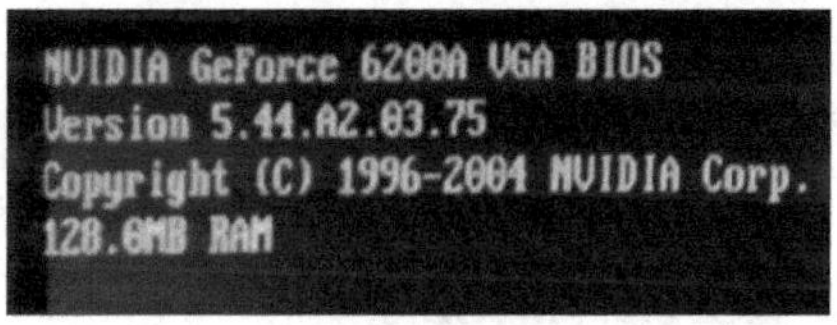

NVIDIA GeForce 6200A VGA BIOS
Version 5.44.A2.03.75
Copyright (C) 1996-2004 NVIDIA Corp.
128.0MB RAM

图　2-27

图2-27中的4行文字中，第1行"GeForce 6200A"表明了显卡的显示核心为GeForce 6200A，支持AGP 8X技术。

第2行"Version"表明了显卡BIOS的版本，可以通过更新显卡BIOS版本"榨取"显卡性能，当然更新后这一行文字也会随之发生变化。

第3行"Copyright（C）"为厂商的版权信息，表示显示芯片制造厂商及版权年限。

第4行"RAM"表明了显卡显存容量。图2-27中显卡容量为128MB。

相关知识与技能

一、显卡的种类

显卡又称为"显示适配器""图形适配器""图形卡"等。它的作用就是把计算机CPU计算、控制的数据信息转换成显示器能够接收的模拟信息。显卡发展至今主要出现过ISA、PCI、AGP和PCI-Express等几种接口，所能提供的传输带宽依次增加。下面是几种不同类型的显卡，如图2-28所示。

1）PCI显卡。目前PCI接口的显卡已经不多见了，只有较老的计算机上才有，厂商也很少推出此类接口的产品了。最早提出的PCI总线工作在33MHz频率之下，传输带宽达到了133MB/s。后来又提出把PCI总线的频率提升到66MHz，传输带宽达到了266MB/s。这在当时的显示需求上完全是能够满足的。

2）AGP显卡，又叫加速图形卡。随着显示芯片的发展，PCI总线逐渐无法满足其需求。Intel于1996年7月正式推出了AGP接口，它是一种显示卡专用的局部总线。在主板上，AGP接口与PCI接口有明显的区别。一般PCI显卡接口是乳白色的，而AGP显卡接口是棕色的，如图2-29所示。

图　2-28　　　　　　　　　　　　　　　　　　图　2-29

　　AGP总线直接与主板的北桥芯片相连，且通过该接口让显示芯片与系统主存直接相连，避免了窄带宽的PCI总线形成的系统瓶颈，增加了3D图形数据传输速度，同时在显存不足的情况下还可以调用系统主存。因此，它拥有很高的传输速率，这是PCI总线无法与其相比拟的。

> **小知识**★★
> 　　AGP总线频率为66MHz和133MHz。AGP显卡的发展经历了AGP1X、AGP2X、AGP4X和AGP8X等阶段，其传输带宽也从最早的AGP1X的266MB/s的带宽发展到了AGP8X的2.1GB/s。

3）PCI-Express显卡，简称为PCI-E显卡。用于取代AGP显卡的PCI-E显卡，其位宽为X16模式，能够提供5GB/s的传输带宽，即便有编码上的损耗但仍能够提供约为4GB/s的实际传输带宽，远远超过AGP 8X的2.1GB/s的带宽。它已经成为现在市场的主流显卡。后面还将深入研究。

二、显卡的结构

　　不管是AGP、PCI还是PCI-Express显卡，其基本结构都是一样的。如图2-30所示是一款PCI Express X16显卡。

图　2-30

1）GPU（揭去风扇后），即图形处理器，类似于CPU，它是显卡的核心。GPU使显卡减少了对CPU的依赖，并进行部分原本CPU的工作，尤其是在3D图形处理时。

2）显存。显示内存的简称。顾名思义，其主要功能就是暂时储存显示芯片要处理的数据和处理完毕的数据，类似于主板上的内存。图形核心的性能越强，需要的显存也就越大。

3）显卡BIOS。显卡BIOS主要用于存放显示芯片与驱动程序之间的控制程序，另外还存有显示卡的型号、规格、生产厂家及出厂时间等信息，类似于主板的BIOS，如图2-31所示。

4）显卡PCB板。层数越高成本越高，布线也越好。高层数是高档显卡的特点，类似于主板的PCB板。

5）输出/输入接口。S-video接口（TV-Out）能将显卡处理信号输出到电视机。双24针DVI-I接口专为LCD显示器这样的数字显示设备设计的，如图2-32所示。

6）金手指。它是显卡与主板PCI-Express X16插槽接口。

图 2-31

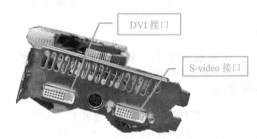

DVI 接口

S-video 接口

图 2-32

> **小知识** ★★★
>
> 传统的显卡都有一个VGA接口，如图2-33所示。VGA接口就是显卡上输出模拟信号的接口。VGA接口也是显卡上应用最为广泛的接口类型，多数的显卡都带有此种接口。

图 2-33

三、显卡的性能参数

1. 显示芯片（GPU）

决定显卡性能的最主要因素。

2. 显存容量

选择显卡的关键参数之一。显存容量从早期的512KB、1MB和2MB等极小容量，发展到8MB、12MB、16MB、32MB和64MB，一直到目前主流的128MB、256MB和高档显卡的512MB，某些专业显卡甚至已经具有1GB的显存了。

3. 显存频率

指显卡在工作时的频率。早期的显卡因为采用SDRAM作为显存，所以一般为133MHz

和166MHz。现在采用DDR、DDR2乃至DDR3的显存，其工作频率可达400MHz、500MHz、650MHz，高端的可达800MHz、1 200MHz、1 600MHz。

4．显存位宽

指显存在一个时钟周期内所能达到的传送数据位数。这个值一般为64位、128位。高端显存位宽可达256位。一般显卡多为128位。

5．最大分辨率

指显卡在显示器上所能描绘的像素点的数量。分辨率越大，所能显示的图像的像素点就越多，并且能显示更多的细节，当然也就越清晰。

6．刷新频率

指图像在屏幕上的更新速度，即屏幕上每秒钟显示全画面的次数，其单位是Hz。75Hz以上的刷新频率让人感觉不到闪烁。为了保护眼睛，最好将刷新频率调到75Hz以上。

> **小知识**★★
> 这里讨论的刷新频率只对普通的CRT显示器有效，而对液晶显示器LCD无意义。

7．色彩位数

又叫色深。色彩位数越多，就越能显示丰富多彩的颜色。通常的VGA模式能显示256种颜色（2^8），而32位真彩色可显示的位数是一个天文数字（2^{32}）。

> 小张：　"李工，这里的许多参数我感觉都有一定联系。"
>
> 李工：　"呵呵，是这样的。显卡最大分辨率在一定程度上与显存容量有着直接关系，显存带宽取决于显存位宽和显存频率。"
>
> 小张：　"我听说分辨率越高越好。"
>
> 李工：　"其实这是一个误区。分辨率越高，显卡越贵。但显卡能输出的最大显示分辨率并不代表自己的计算机就能达到这么高的分辨率，还必须有足够强大的显示器配套才可以实现。"
>
> 小张：　"哦，原来是这样。"

四、LCD显示器的性能参数

1．液晶面板

LCD显示器的液晶面板总体上可分为DSTN和TFT两大类。DSTN俗称为"伪彩"，使用这种面板的显示器的对比度和亮度较差、反应速度慢、色彩欠丰富。而TFT面板俗称"真彩"，是目前LCD显示器的主流。购买LCD时，一定要选择TFT面板的。

2．标准分辨率

也称为最大分辨率，是LCD显示器能显示的最高分辨率。在标准分辨率下，显示效果最为清晰，而在其他分辨率下则失去原来的清晰度和真彩。

3．可视角度

指能够清晰看到图像的角度范围。一般而言，LCD的水平可视角度不应该低于140°，垂直可视角度不应该低于120°。

4．响应时间

指液晶显示器各像素点对输入信号反应的速度，即像素由暗转亮或由亮转暗所需要的时间（黑白响应时间），液晶面板的响应时间决定了图像的更新速度，响应时间过长则会出现重影、拖尾等现象。名牌显示器目前可达5ms以下，有的名牌显示器的灰阶响应时间可达2ms，价格也要昂贵得多。

5．点缺陷

就是指液晶面板上的薄膜晶体管损坏，导致某个像素的液晶点不能正常显示图像的故障。因为液晶面板是一次切割成形的，点缺陷无法弥补，所以购买时要仔细观察。

6．刷新率

与CRT显示器不同的是，LCD在刷新画面的时候只需要对改变的像素进行刷新，不是整幅刷新，因此，即使LCD的刷新率较低，用户也不会感到明显的闪烁。在购买时不必过分追求高刷新率。

7．色深

目前，LCD分为8位液晶板和6位液晶板。8位液晶板能把红、绿、蓝三基色组合成24位真彩，又叫16.7MB色彩。6位液晶板通过"抖动"的技术，利用局部快速切换相近颜色，利用人眼的残留效应获得缺失色彩。这种抖动的技术不能获得完整的24位真彩，因此，购买时要多加注意。

小张：　"李工，CRT显示器尺寸是怎么回事呀？"

李工：　"CRT显示器的尺寸是指显像管正面的对角线长度，而不是长宽尺寸。而且CRT显示器屏幕都是4:3的。"

小张：　"啊？我可不可以拿尺子量呢？"

李工：　"这是徒劳的。因为显像管周边还有一层塑料，所以你感觉到屏幕其实并没有标称的那么大。CRT显示器主要有14in、15in、17in和更大的21in。"

小张：　"那LCD呢？"

李工：　"LCD显示器的尺寸是液晶面板的对角线长度。而且LCD液晶面板的大小就是实际显示面积的大小。"

项目6　选购机箱电源

李工：　"小张，你对机箱电源是怎么看的？"

小张：　"我知道计算机对电源有特殊要求，但机箱却知道得不多。"

李工：　"电源是计算机的动力之源，它的重要性不必多说。机箱也有它独特的作用。这两种配件最容易被用户忽略。"

小张：　"那我要好好听讲了。"

学习目标

熟知机箱和电源的选购注意事项。

项目任务

根据需要选购一款机箱和ATX电源。

项目分析

电源是计算机的动力之源，它的重要性不必多说。目前ATX电源的厂商也比较多，各自宣称的侧重点不同，普通用户很难辨别电源品质的好坏。劣质电源对硬件的伤害是普通用户不易觉察得到的。机箱也有它独特的作用，主要是为计算机内部的设备提供一个安装的空间和支架，避免它们遭受物理损伤，但机箱最重要的作用还是防止主机内部电磁辐射向外泄漏。这两种计算机部件最容易被用户忽略。

任务1　选购机箱

任务内容

选购一款机箱。

任务准备

现场准备两台机箱。

操作指导

机箱从其外观来说主要分为两大类：立式和卧式，如图2-34所示，其他外形各异的机箱也基本上是从这两种形式发展变化而来的。

卧式机箱外形小巧，显示器可以放置于机箱上面，占用空间也少。但是扩展性能和通风散热性能都较差。

立式机箱，扩展性能和通风散热性能要比卧式机箱好得多。因此，从奔腾时代开始，立式机箱逐渐成为用户的首要

图　2-34

选择。

购买机箱时，重点从以下几个方面考虑。

1．机箱材质

好的机箱，外壳采用较厚的钢板，能承受较大的压力。同时外层和内部支架边缘切口平整圆滑，不会因为在装卸的时候不小心而把手划破。一些高性能的机箱前面板都采用硬度很高的ABS工程塑料制作，优点就在于结实稳定，能长时间保持色泽。

2．机械强度设计

机箱用钢板都为1mm左右，如果设计时没有卷边、镂空孔等工艺措施，机箱面板和侧板很容易被"压弯""压窝"。

3．电磁屏蔽

电磁波辐射对人体非常有害，长期在计算机旁工作很有可能得职业病。应该尽量减小机箱外壳的开孔和缝隙，并且所有可拆卸部件（包括螺钉）都必须与机箱有良好导通（接地），以防止电磁波外泄。

> 小张：　"有没有一个简易可行的方法判断机箱的优劣呢？"
>
> 李工：　"有啊。只要做到一掂和三按（一掂：掂分量；三按：一按铁皮是否凹陷，二按铁皮是否留下按印，三按塑料面板是否坚硬），劣质和优质自然就分辨出来了。"
>
> 小张：　"好的，我记住了。"

任务2　电源种类及导购

> 小张：　"与机箱一样，电源也有AT电源和ATX电源之分吧？"
>
> 李工：　"是的。AT电源主要用于586以前的计算机上，输出线为两个6芯插头和几个4芯的插头。两个6芯插座用于给主板供电。AT电源采用切断的方式关机，也就是'硬关机'。现在的电源都是ATX的，支持软件关机。"

任务内容

选购一款品质较高的ATX电源。

任务准备

上网查询（如www.it168.com），或查阅相关杂志（如《计算机硬件》《电脑爱好者》）。

操作指导

虽然机箱经常同电源一起出售，但是采用一款更高品质的电源是用户的明智之举。主要从以下几个因素考虑。

1．电源规范

选购电源的时候应该尽量选择更高版本的电源。首先，高规范版本的电源完全可以向下兼容。其次，高规范版本的电源直接提供了主板、显卡、硬盘等硬件所需的电源接口，而无需额外的转接。目前市场上比较新的电源规范为2.3版。

2．额定功率

额定功率是电源厂家按照Intel公司制定的标准输出的功率，可以表征电源工作的平均输出，单位是瓦特（W）。额定功率越大，电源所能负载的设备也就越多。目前台式机电源需要的额定功率一般为250～350W，满足家用计算机CPU、显卡、硬盘等配件的需求。额定功率越大的电源越好，当然价格也越贵。

3．峰值功率

峰值功率是指电源在单位时间内电路元件上能量的最大变化量，是具有大小及正负的物理量。在这里特指峰值输出功率。峰值功率越大，电源所能负载的设备也就越多。

4．电源接口数

随着主机内部各部件的发展，越来越多的板卡需要更加稳定的供电，比如PCI-Express显卡、DDR2内存。ATX电源规范在2.0x版本的基础上不断发展。如今衡量电源品质的一个重要标准就是接口数量的多少。

> **小知识** ⭐⭐
>
> ATX电源规范也在不断发展中，从最初的ATX 1.x仅支持20pin主板的供电，到现在最新的ATX 2.3版，支持更多的供电接口。

 相关知识与技能

一、各种不同接口的电源

现在电源接口实在太多了。如果用户的电源损坏后需要购买一款新电源，则首先要确认需要电源提供哪些接口。下面是ATX 2.3版电源的各种接口。

1）20+4pin和4+4pin主供电接口，如图2-35所示。20+4pin的主供电设计主要考虑到老主板20pin的供电需要，另外的4pin是给CPU供电的。目前绝大多数的主供电接口都采用这种设计。4+4pin主要是针对高端CPU需要更大的供电量而设计的。

2）6pin和6+2pin PCI-E显卡供电接口，如图2-36所示。6pin的显卡供电接口是目前绝对的主流，6+2pin的接口是为了给更高端的显卡提供充足的电力保障。

3）大4pin D型供电接口，如图2-37所示，现在的IDE设备都用它。

4）5pin SATA供电接口，如图2-38所示，现在的SATA硬盘和光驱都用它。

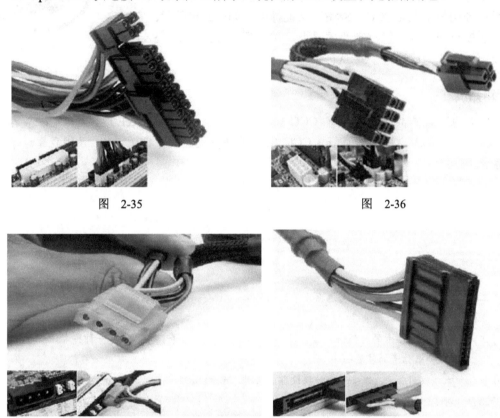

图　2-35　　　　　　　　　　　　　　　　图　2-36

图　2-37　　　　　　　　　　　　　　　　图　2-38

二、电源选购误区

在选购电源时，用户容易受到不法销售商误导，表现如下。

1）用峰值功率代替额定功率。额定功率是指电源在稳定、持续工作下的负载功率；最大功率是指在常温下，输入电压在200～240V之间，电源可以长时间稳定输出的功率，最大功率一般比额定功率要大15%左右。峰值功率是电源在瞬间或者几分钟能承受的负载，不代表真正的负载能力。峰值功率与使用环境和条件有关，峰值功率可以比额定功率大很多，不法销售商最喜欢用峰值功率来误导消费者。须知，小马拉不动大车。即使勉强拉起来了，黑屏、死机现象必将如影随形。

2）电源功率越大越好。酷睿2 Q6600处理器的最高峰值功耗为95W，主流双核处理器的最高峰值功耗只有65W。目前GeForce 8800和HD2900系列显卡的峰值功耗多数都在130W以内。一块硬盘的满载功耗大概在20～25W，光驱功耗在15～20W，内存满载功耗在20W左右，当前主流主板的功耗大约在20～30W。这样主机功率一般在350W以内。片面追求大功率的电源，不但浪费金钱，而且浪费资源。

3）不注重认证，只图价格便宜。电源生产技术要求不高，因此，市场上电源品种很多。不少杂牌电源价格低，但多未经过3C认证。

目前使用最多的是CCC（S&E）认证标准，如图2-39所示。它对电源提出了安全和电磁辐射控制两项要求，在电源上看到CCC（S&E）标志，就可以理解为已通过了3C认证。

图 2-39

> **小知识** ★★
>
> 现有的3C证书共有4个版本：CCC（S）安全认证、CCC（S&E）安全与电磁兼容认证、CCC（EMC）电磁兼容认证、CCC（F）消防认证，其中CCC（S）只代表通过了安全标准。

项目7 选购声卡和音箱

李工： "你知道计算机里音乐是怎么出来的吗？"

小张： "从音箱里面放出来的呗。"

李工： "前面在讲显卡的时候讲到过，计算机输出的是数据信号。而音箱是一种将音频信号转换成声音信号的装置……"

小张： "哦，我明白了，需要一个转换设备，它叫'声卡'。"

李工： "对了。"

 学习目标

熟知声卡和音箱的选购要点。

 项目任务

根据需要选购独立声卡和多媒体音箱。

 项目分析

声卡是一台多媒体计算机的主要设备之一，它让计算机发出声响，实现多媒体的功能。当CPU发出播放指令后，声卡将存储在计算机中的声音数字信号转换成模拟信号送到音箱、耳机和录音机等声响设备上发出声音，或通过音乐设备数字接口（MIDI）使乐器发出美妙的声音。

目前普通用户购买计算机时，从性能方面不太注重声卡和音箱的选择，以为只要能播放出声音就可以了。但在大厅、广场等特殊场合，对声效的要求比较高，声卡和音箱的选择就显得比较重要了。

任务1　声卡和音箱的选购

任务内容

根据需要购买一款独立声卡。

任务准备

根据预算制订购买计划，调查主流声卡的品牌、性能和价格等信息。

操作指导

购买独立声卡时，重点从以下几方面考虑。

1）声音处理芯片的音频品质、兼容能力、三维效果和MIDI能力。

2）声道数量。

3）采样频率。采样频率是单位时间内记录声音的次数，是模拟声音转换为数字数据的关键，频率越高，表示记录的声音越接近真实的声音。在使用计算机录音时，声卡的采样频率就很重要。一般声卡提供了11KHz、22KHz和44KHz的采样频率。

4）采样精度。采样精度决定了记录声音的动态范围，它以位（bit）为单位，比如8位、16位。8位可以把声波分成256级，位数越高，声音的保真度越高。

一款声卡，没有好的音箱匹配，再好的性能也不能展现出来。购买音箱时，重点从以下几个方面考虑。

1）声道数。音箱所支持的声道数是衡量音箱档次的重要指标之一。

2）箱体材质和尺寸，一般而言，木质音箱比塑料音箱效果好，纯木质的比中密板的音箱效果又要好些。

3）扬声器尺寸自然是越大越好，大口径的低音扬声器能在低频部分有更好的表现，这是在选购之中可以挑选的。

4）频率范围。对中低档的音箱，频率范围越宽声音就越好听。

5）信噪比。信噪比数值越高，噪音越小。一般为80dB左右。

任务2　连接声卡和音箱

任务内容

根据需要连接5.1声卡和音箱。

任务准备

准备5.1声卡（声卡可为集成）、音箱和相应的音频线。

操作指导

前面提到过，对于普通中低档声卡，主机背板上有几个小圆孔，上面标记Line In、Line Out和Mic In，分别用来接线性输入（录音）、线性输出（主要是音箱）和麦克风。比较新的主板都已经采用了5.1声卡，主机背板上有5个小圆孔，又该如何与5.1的音箱接线呢？

如图2-40所示，是一块SB Live 5.1声卡的接口。各接口名称如下。

1）数码输出或中置/低音输出（浅黄色）。

2）线路输入（浅蓝色）。

3）麦克风（粉红色）。

4）前置环绕（L/R）（浅绿色）。

5）后置环绕（SL/SR）（黑色）。

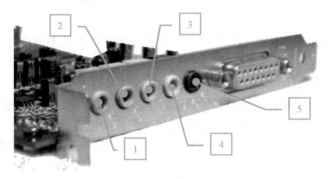

图　2-40

如果音箱的音频连接线具有颜色区分的话，则一般来说，颜色和声卡上的颜色是对应的。浅绿色插头作为前置L/R，浅蓝色插头用于后置/环绕声道，浅黄色插头用于中置/环绕声道，如图2-41所示。音箱的连接请见说明书中的连接图。

图　2-41

计算机组装与维护实训教程

集成声卡和独立声卡

1. 集成声卡

集成声卡是指芯片组支持整合的声卡类型，使用含有集成声卡的芯片组的主板就可以在比较低的成本上实现声卡的完整功能。集成声卡中比较常见的是AC'97和HD Audio。如图2-42所示为集成AC'97声卡芯片。

图 2-42

> **小知识** ★★
>
> AC'97的全称是Audio CODEC'97，这是一个由英特尔、雅玛哈等多家厂商联合研发并制订的一个音频电路系统标准。它只是一个标准，不是声卡的种类。目前最新的版本已经达到了2.3。现在市场上能看到的声卡大部分都符合AC'97标准。这种集成声卡都称为AC'97声卡。

2. 独立声卡

独立声卡的接口有ISA、PCI、USB和PCI-E。目前市面上以PCI-E为主，早期的ISA接口声卡已经很少见了。如图2-43所示为一款PCI声卡，它在结构上分成以下几个部分。

1）声音处理芯片。它决定了声卡的性能和档次。

2）总线连接端口（金手指）。

3）功率放大芯片。放大声音信号，推动喇叭放出声音。

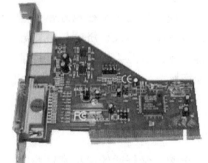

图 2-43

4）输入输出端口。一般声卡上都有Line In、Line Out和Mic In 3个小圆孔，分别用来连接线性输入、线性输出（主要是音箱）和麦克风等设备。

5）MIDI及游戏杆接口。

> **小知识** ★★
>
> 由于现在很多主板上都已经集成了声卡，如果必须用独立声卡，则在使用前请先在BIOS中禁用板载集成声卡，否则会因资源冲突而无法使用。

项目8　选购鼠标、键盘

李工： "本章我们介绍了很多计算机配件的知识、常识，你认为哪些最重要？"

小张： "当然是CPU、主板、硬盘和显卡等最重要了。"

李工： "呵呵，一般而言是这样。可是配置计算机时，除了各部件配置要合理，还要讲究计算机使用的舒适度。我们平时用计算机，接触最多、使用最多的是什么？"

小张： "当然是键盘和鼠标。"

李工： "一套好的键盘鼠标不但可以提供令人舒适柔软的手感，还能够在很大程度上减轻双手的疲劳，从而大大减少肌肉软组织损伤概率。特别是那些喜欢玩CS的朋友，更能体会到一套优质键盘鼠标的好处。"

 学习目标

掌握鼠标和键盘的选购方法。

 项目任务

选购一套舒适的鼠标和键盘。

 项目分析

普通用户通常不在意经常接触的鼠标和键盘，做购置计划时，也是最后才考虑。有多少钱办多少事，如果经济宽裕，则建议购买品质高的鼠标和键盘。一套好的键盘、鼠标不但可以提供令人舒适柔软的手感，还能够在很大程度上减轻双手的疲劳，从而大大减少肌肉软组织损伤概率。特别是那些喜欢玩CS的朋友，更能体会到一套优质键盘、鼠标带来的好处。

 项目内容

选购一套舒适的鼠标和键盘。

 操作指导

在选购键盘时，从技术上应重点考虑以下几个方面。

1．看手感

弹性大的键盘、鼠标质量要好些，因为使用久后弹性会下降。

2．看按键数目

目前市面上最多的是标准108键键盘，高档键盘会增加很多多媒体功能键，排在键盘的上方。经常用到的<Enter>键和空格键最好选择设计大气一些的键盘。

3．看键帽

键帽着重看字迹，激光雕刻的字迹耐磨，印刷上的字迹易脱落。将键盘放到眼前平视，会发现印刷的按键字符有凸凹感，而激光雕刻的键符则比较平整。

4．看键程

键程长一点的键盘，按键时很容易摸索到，适合对键盘不熟悉的用户选用。

5．看键盘接口

以前大多数键盘使用的是PS/2接口，不过现在市场上大量出现的是USB接口的键盘。USB接口的键盘的最大特点就是可以支持即插即用。但是价格上要高于PS/2接口的键盘。

选购鼠标时，从技术上应重点考虑以下两个方面。

1）不选机械式鼠标，选光电式鼠标。因为机械式鼠标需要经常清洁里面的滚动导滑杆，而且定位精度不高。

2）光电感应度是衡量光学鼠标技术性能的关键指标。光电式鼠标的单位是DPI或者CPI，其意思是指鼠标移动时，每移动1in能准确定位的最大信息数。现在大多数鼠标都采用了较高的CPI。

 相关知识与技能

认识不同种类的鼠标、键盘。与计算机的CPU、主板、硬盘、显卡等主要计算机配件发展一样，鼠标、键盘的发展也有几个阶段，单从接口形式上来讲，就有以下形式。

1．串口鼠标、键盘

即接在计算机串行通信口（COM1～COM2）上的鼠标、键盘。这是最古老的接口，是一种9针或25针的D型接口，将鼠标、键盘接到主机串口上就能使用。由于串口的数据传输速度低，目前这种接口形式的鼠标、键盘已经被淘汰。如图2-44所示为9针串口接口的鼠标。

2．PS/2接口鼠标、键盘

PS/2接口是目前使用最为广泛的接口类型，俗称"小口"。它是鼠标和键盘的专用接口，是一种6针的圆形接口，如图2-45所示。PS/2接口的传输速率比COM接口稍快一些，而且是ATX主板的标准接口，但不支持热插拔。在BTX主板规范中，它也是即将被淘汰掉的接口。

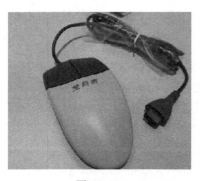

图 2-44

图 2-45

3．USB接口鼠标、键盘

这是新一代计算机将广泛使用的接口类型。与前两种接口相比，其优点是非常高的数据传输率，完全能够满足各种鼠标在刷新率和分辨率方面的要求，能够使各种中高档鼠标完全发挥其性能，而且支持热插拔。

仅从连线上看，鼠标又可分为有线鼠标和无线鼠标。无线连接方式摆脱连线的束缚，可在离主机较远距离的较大范围使用，特别适用于某些特殊场合。其缺点是价格相对较高，需要额外的电源，必须定期更换电池或充电，而且信号传输相对易受干扰。无线连接的具体方式可分为红外、蓝牙和无线电等。如图2-46所示为USB接口无线2.4GHz光电鼠标。如图2-47所示为USB接口无线蓝牙鼠标。

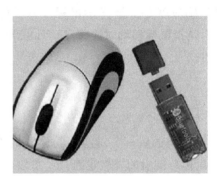

图　2-46　　　　　　　　　　　图　2-47

项目9　根据需要配置计算机案例精选

学习目标

1）根据用户的工作性质，确定合适的计算机配置。
2）学会分析用户的核心需求，确定主要性能指标。
3）熟悉计算机各部件的主要性能参数及采购要领。
4）熟悉计算机询价流程。

项目任务

分析以下3种典型用户，开列配置清单。
1）某学校要求配置50台无盘工作站服务器和客户端（供学生使用）。
2）某图形图像工作用户，经常要运行3DMAX、Photoshop等大型软件。
3）某家庭用户，经常上网看电影、聊天、偶尔做做文字工作。

操作指导

1）某学校要求配置50台无盘工作站服务器和客户端（供学生使用）。

客户端核心需求分析：无盘工作站客户端对CPU的要求不高，目前市场上的奔腾双核足够了，但是考虑到升级的方便，最好采用LGA1155接口，Sandy Bridge核心。内存要求也不高，可选择DDR3 2GB的容量。显示器采用TN面板、LED背光、仅具VGA接口的液晶显示器就足够了。主板要求板载声卡、显卡和网卡芯片，集成网卡要求支持PXE或RPL协议，以支持远程启动。请根据以上需求分析，开列配置清单。

配件种类	品牌、型号、或规格	主要性能参数	参考价格/元
主板			
CPU			
显示器			
内存条			
机箱电源			
键盘鼠标			
总价格/元			

服务器端核心需求分析：无盘工作站服务器端对CPU要求有较强的数据吞吐能力，主频应在3GHz以上，睿频加速频率3.5GHz，三级缓存应该在8 192KB以上，因此，Intel Core2 4核8线程、Ivy Bridge核心的新一代i7系列是很好的选择。内存要求容量大，极限情况下应当支持50台客户机的并发数据量，所以容量应该在DDR3 4GB以上，并且组建双通道。由于每个客户机在服务器上有一个独立的数据区，因此，硬盘容量要求大，单个硬盘在500GB，7 200RPM，并且能够支持SATA阵列，以有效提高硬盘的存取速度。双网卡有效分流客户端数据请求，且均为千兆级网速，因此，要求主板上至少具备两个PCI插槽。对服务器来说，操作的时间极少，因此，显示要求不高，显卡可集成，显示器可为低廉的CRT普通纯平显示器，甚至旧的。4核CPU较之一般双核能耗大，加之机箱内有多个硬盘，因此，电源的额定功率宜大些。声卡、音箱等不需要考虑。请根据以上需求分析，开列配置清单。

配件种类	品牌、型号或规格	数量	主要性能参数	参考价格/元
主板				
CPU				
内存条				
硬盘				
阵列卡				
网卡				
显卡				
显示器				
机箱电源				
键盘鼠标				
总价格/元				

2）某图形图像工作用户，经常要运行3DMAX、Photoshop等大型软件。

核心需求分析：图形图像用户对CPU的要求比较高，尤其是浮点处理能力。目前市场上的Intel Core2双核四线程、LGA1155接口或AMD速龙 II X4、FM1接口CPU可以胜任。

内存要求比较高，可选择DDR3 2GB的容量，并且最好组建双通道内存。显示器不能采用LCD显示器，而要选高档的17in纯平CRT显示器才能较好地关注图形细节。显卡必须是独立的，重在表现2D、3D加速性能和画质，因此，显存要512MB以上，显存频率、位宽、最大分辨率、刷新频率在同价位中选优。硬盘、网卡、声卡、音箱、电源等其他部件在有足够经费的情况下配置尽量高。请根据以上需求分析，开列配置清单。

配件种类	品牌、型号或规格	数量	主要性能参数	参考价格/元
主板				
CPU				
内存条				
硬盘				
网卡				
显卡				
显示器				
机箱电源				
键盘鼠标				
总价格/元				

3）某家庭用户，经常上网看电影、聊天、偶尔做做文字工作。

核心需求分析：该用户对CPU的要求一般，目前市场上的Athlon X2双核、Phenom II X4四核性价比相当不错。内存要求也一般，可选择DDR3 2GB的容量，一条即可。出于对用户视力的考虑，显示器可采用宽屏LCD显示器。显卡可用主板集成，显存用256～512MB即可。考虑到用户可能经常下载网络视频、连续剧、电影等，最好配一款SATA500GB、7200rpm的硬盘。为了欣赏尽善尽美的影音效果，如果主板声卡不带5.1声效卡，那么只好配一款独立的带5.1或7.1声卡了。音箱的性能也要重视，否则用5.1声效卡来干什么呢？如果主板不集成网卡，那么也只有购买独立的了，市场上网卡价格差别并不大。综上所述，主板的扩展槽要留有余地，兼容性是首先要考虑的要素。千万别轻视键盘鼠标，一套好的键盘鼠标不但可以提供令人舒适柔软的手感，而且能够在很大程度上减轻双手的疲劳，从而大大减少肌肉软组织损伤概率。请根据以上需求分析，开列配置清单。

配件种类	品牌、型号或规格	数量	主要性能参数	参考价格/元
主板				
CPU				
内存条				
硬盘				
网卡				
显卡				
显示器				
机箱电源				
键盘鼠标				
总价格/元				

老师："小张，这趟电脑城之行，收获挺大的吧？"

小张："首先感谢李工，学习了这么多的配件知识，我基本上掌握了购买要领。"

老师："那你说说看计算机配置时，应该遵循哪些原则呢？"

小张："第一，先选CPU，确定了CPU的架构后，才选合适的主板。现在主板一般可以支持多个CPU架构。但每款主板都只支持一个CPU厂商。第二，CPU选择以够用为原则，要选出货量大的型号。第三，主板选择以兼容性高为原则……"

李工："嗯。看来小张学习很卖力，很有潜质，今后可以考虑向这个方向发展。我要忙别的事了。"

小张："李工再见。"

项目10 选购新型计算机

小张："老师，除了台式机外，我听说超级本、平板电脑也很流行。"

老师："是的，像普通笔记本电脑、超级本、上网本等新型计算机已经成为时尚族的必备'装备'，价格也很亲民，值得关注。"

小张："那我是买笔记本电脑好呢，还是买超级本？"

老师："不急，我们要先搞清楚这几个'本本'的前世和今生！"

学习目标

了解笔记本电脑、超级本、上网本、平板电脑、一体机等新型计算机在配置和功能上的差异。并掌握它们的选购策略。

项目分析

如今，笔记本电脑等便携式计算机价格已经能为普通用户接受，可移动办公的巨大优势使其能占据市场半壁江山。但作为初级用户，对市场上出现的一些类似笔记本电脑，如超级本、上网本、平板电脑、一体机等新型计算机，认识上还很模糊，经常不知道自己需要哪种类型的机器。

本项目将带领大家去"电脑市场"逛逛，了解新型计算机。

操作指导

一、笔记本电脑选购概述

笔记本电脑（Notebook）俗称"本本"，因其体积小（屏幕尺寸可小至10in）、重量轻（2kg左右）、携带便利，无论是工作还是旅游，"本本"都是时尚族必备"装备"。

笔记本电脑在硬件构成上与台式机基本相同，都有CPU、主板、硬盘、显卡、内存条、显示器等主要部件。不同的是，笔记本电脑要在有限的空间内容纳许多部件，机身设计、散热方式设计、材质应用等方面又有显著的不同之处。下面就选购笔记本电脑时重点关注的方面予以分析。

1. 电池续航

笔记本电脑可以由220V市电供电，也可由自带电池供电。在移动办公或旅游时，电池自身能支撑系统运行的时间成为用户比较关心的问题。它与"电池续航能力"紧密相关。

所谓电池续航能力，通常是指充满电量的电池在待机状态下至全部放电所经历的时间。

电池续航能力与电池的容量设计有紧密关系。一般电池容量为2 500mAh，它的电池续航时间为1.5~2h。有些经过特别设计的电池，其容量可达5 500 mAh以上，电池续航时间在5h以上。

目前镍镉和镍氢电池已经被淘汰，取而代之的是锂离子电池。购买笔记本电脑时，一定要对电池详加查看。

大品牌的笔记本电脑出厂时安装有电池管理工具，如ThinkPad自带的Power Manager。运用该工具可对电池进行校正，最大限度地延长电池的续航时间和使用寿命。本书最后一章有关于电池维护的内容，请查阅。

2. 散热能力

笔记本电脑要在如此狭小的空间内把发出的热量散掉，是一个很大的问题。发热量大的笔记本电脑会频繁重启、死机、蓝屏。

影响笔记本电脑散热的因素有风扇结构、散热器材质、机身材质、通风口数量等。散热器由风扇、散热管、散热板组成，铜质散热器散热能力明显优于铝质散热器。风扇额定功率大、散热器面积越大越容易散热。采用镁铝合金的机身比采用工程塑料的机身散热效果要好。机身底座采用垫高设计，促进空气流通和热量辐射，散热效果要好。笔记本电脑一般采用风冷式，通风口数量越多，冷热空气流动越迅速，越有利于散热。

但无论如何，笔记本电脑在满负荷工作时，发热量大是不可避免的。特别是CPU和硬盘，是笔记本电脑内部两大热源。清楚它们的位置，便于选购一款散热底座，强力对机身进行散热。如图2-48所示为酷冷至尊（CoolerMaster）NotePad U2笔记本电脑散热器，可移动风扇，支持9~15.6in笔记本。

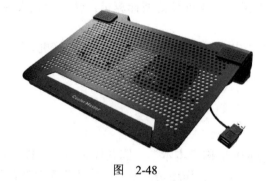

图 2-48

3. 用途和价格

大品牌笔记本电脑的价格都在6 000元左右，相比同级别硬件配置的台式机，价格显然要高。而一些显卡高配置的笔记本电脑，价格都多于10 000元。因此，购买时一定要确认笔记本电脑的主要用途。如果是简单地处理一些文字，那么5 000元左右的笔记本电脑足够了。如果要用来作图形图像设计或玩3D游戏，那么对显卡的要求、散热要求也相应提高。如果经常携带机器外出，则可考虑超轻超薄的笔记本电脑。

4. 无线网络

鉴于移动办公的特点，笔记本电脑需要随时随地接入Internet或Intranet，进行文件和数据的传输。购买时，必须要求具备局域网接入的以太网卡、支持WIFI功能的无线网卡、支持近距离传输的蓝牙设备以及支持GPRS或CDMA 1.X方式连接Internet等。目前市售笔记本电脑基本上都支持多种无线网络接入。

以太网卡和无线网卡一般都内置在笔记本电脑中，而基于GPRS方式连入Internet的网卡一般是外置的，需要用户单独购买GPRS上网卡，安装在PC卡插槽里面，再安装上天线。

笔记本电脑上的USB接口一般都比较少。建议不要购买USB接口的GPRS上网卡。如图2-49所示为GPRS上网卡。

图　2-49

5. 是否需要购买扩展坞

笔记本电脑虽然携带非常方便，但它是以牺牲接口数量、外接设备数量为代价的。不可移动的键盘影响用户的身体健康。扩展坞很好地解决了这一问题。如图2-50所示为ThinkPad 39T4598（T/R/Z60系列）高级迷你扩展坞。

图　2-50

通过扩展坞，带来以下好处。

1）提供了多种端口扩展，提高整台计算机的性能。通过接口和插槽，它可以连接多种外部设备，如驱动器、大屏幕显示器、键盘、打印机、扫描仪等。它可以弥补轻薄笔记本电脑自身携带附件较少的缺陷。

2）能够有效地提高笔记本电脑底部的散热能力，加强空气流通。

3）能够将外接插线都安排到机身后部，自觉地将线路进行整理和安排，不显杂乱。

4）扩展坞上几乎都拥有钥匙锁，将笔记本电脑锁在扩展坞上，具有防盗作用。

5）由于扩展坞的自重，方便开合拥有锁扣设计的笔记本电脑显示屏。

6）使用扩展坞后，键盘将与桌面形成大约30°的夹角，这与常用的台式机键盘设计的角度颇为相近。大大减轻长期击键对手腕、手臂的压力，有利于使用者的身心健康，避免职业病的发生。

6. 处理器和显卡

Intel第2代酷睿i系列基于Sandy Bridge核心的CPU中集成了图形核心，与集成图形核心处理器的Intel H61、H67、H55主板配套使用，自带VGA和DVI输出接口，不需要在主板上集成显卡芯片或安装独立显卡。

核芯显卡将图形核心整合在CPU中，进一步加强了图形处理的效率，并把集成显卡中的"处理器+南桥+北桥（图形核心+内存控制+显示输出）"三芯片解决方案精简为"处理器（处理核心+图形核心+内存控制）+主板芯片（显示输出）"的双芯片模式，有效降低了核心组件的整体功耗，更利于延长笔记本电脑的电池续航时间。

现在AMD和Intel都将双显卡技术作为CPU发展的方向。所谓双显卡技术是在"独显+核显"的模式下，当需要更好的图形显示体验时，自动切换为独立显卡。而当需要节电时，切换为核芯显卡。支持双显卡技术的CPU，在Intel平台上以Ivy Bridge核心为主。

在购买笔记本电脑时，如果对图形处理没有更高的要求，则建议购买带核芯显卡的笔记本电脑。它们完全能满足高清视频、主流游戏性能的需求。

7. 外壳

笔记本电脑需要移动工作，对外壳的要求也有所不同。硬塑胶外壳沉重、强度低、散热性差，不建议购买。镁铝合金质地坚硬、重量轻，能比较好地解决散热问题，目前大多数笔记本已经采用镁铝合金作为外壳材料。但是镁铝合金不耐磨。碳纤维加强型钛复合材料是其替代品，性能更优，只是机器造价会更高。

8. 液晶显示屏

液晶显示屏是笔记本电脑中很重要的一个部件，它的大小决定了笔记本的大小及重量。而且，它也是笔记本电脑唯一的输出终端。液晶显示屏是笔记本电脑中很昂贵的一个器件，占其总价值的30%～40%。另外，它也是笔记本电脑中最为娇贵的器件。

液晶显示屏一般包括雾面屏和镜面屏。雾面屏的表面是粗糙的，光线射到上面就发生了漫反射，无眩光。镜面屏的表面是平整光洁的，只能发生镜面反射。如果正好被镜面反射的光线照射，则将产生刺眼效果，在机场、车站、银行等公共场合使用，可防止屏幕信息被别人偷窥。镜面屏的图像更加清晰和鲜亮。

9. 用户身份识别

如果只能被特定的用户使用，则应该考虑购买一款支持"指纹识别"和"人脸识别"的笔记本电脑，在专用软件的支持下实现指纹开机或人脸识别开机，让那些试图通过盗取开机密码的人无机可乘。如图2-51所示为ThinkPad笔记本电脑的指纹识别器。

指纹识别硬件

图　2-51

二、上网本选购概述

2007年前后，笔记本电脑的高昂价格，不是一般用户承受得了的。但是市场用户潜在的对移动办公、移动休闲娱乐的强劲需求，使得一种能进行简单的文字处理、网络聊天、简单游戏、带有键盘设计、价格低廉的准笔记本电脑诞生了——它就是上网本（Netbook）。最初的上网本是不带光驱的，广泛采用Intel Atom N450/475/270/280型低档CPU，主流产品价格在2 000～3 000元。上网本和笔记本电脑的区别主要有以下几点。

1）外形和重量。上网本大多都是7～10.2in屏幕（而普通笔记本电脑基本都是在10.2in之上），不带光驱，重量轻，非常便于携带。

2）配置和功能。上网本大多采用Intel Atom处理器或AMD E450处理器、集成显卡，强调低能耗和长时间的电池续航能力，性能以满足基本上网需求为主，而普通笔记本电脑则拥有更强劲的多媒体性能。

3）用途。从用途上来讲，上网本主要以上网为主，可以支持网络交友、网上冲浪、听音乐、看照片、观看流媒体、即时聊天、收发电子邮件、基本的网络游戏等。而普通笔记本电脑则可以安装高级复杂的软件，下载、存储、播放CD/DVD，进行视频会议，打开、编辑大型文件、多任务处理以及体验更为丰富的需要安装的游戏等。

4）价格和用户群。上网本大多价位偏低，而普通笔记本电脑的价位则相对较高。在外观上比较时尚，颜色也有较多的选择，而普通的笔记本电脑因为主要偏重于办公应用，所以在外观上颜色较单一，色泽沉稳。如图2-52所示为联想IdeaPad S205-ETH（H）蜜桃粉上网本。

图　2-52

三、超级本选购概述

超极本（Ultrabook）意为超轻薄的笔记本电脑。它是Intel推出的新一代笔记本电脑，其目的是为了与iPad和Android平板竞争。

1．超级本与普通笔记本电脑的区别

1）硬盘。超级本普遍采用了抗震性更好、读写速度更快的固态硬盘（SSD）或混合硬盘（SSD+HDD）。开关机速度大大提高，一般都在20s以内开机。

2）重量。超级本没有光驱，靠U盘、无线传输等来读取资料等。重量轻到只有普通笔记本电脑的一半左右。

3）外部接口。如图2-53所示，超级本优化了外部接口，如普通笔记本电脑上都存在的VGA接口被舍弃，随着无线网络的推广，将来超级本的外接接口将更加精简。

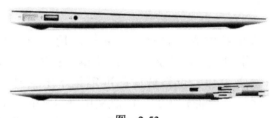

图　2-53

4）机身材料。机身采用强韧的金属材料，更坚固耐用。

5）处理器。目前，超级本采用的是新一代22nm制作工艺的Ivy Bridge处理器，此款处理器是低功耗CPU，因此，超级本电池续航时间将大大增长，有资料介绍，其待机时间超过12h。

6）AOAC功能。超级本具有手机的AOAC功能。所谓AOAC，是指在通过无线局域网或无线互联网连接网络后再进入睡眠模式或休眠模式后仍能保持网络连接及资料的传输，这是普通笔记本电脑不具备的。

2．超级本选购策略

如果需要长时间依靠电池工作、不间断资料接收和传送、重量轻、频繁移动计算机、对接口数量和种类不敏感，那么，超级本是最好的选择。

目前，超级本已经发展到第2代，广泛采用Ivy Bridge核心的低功耗处理器，集成核芯显卡HD4000，采用Intel H7××芯片组，无需第3方芯片即可原生支持USB 3.0。

但是，超级本的价格还比较高，一般都集成显卡，因此，如果需要更多的图形显示体验，则还是建议购买一款普通笔记本电脑。

四、平板电脑选购概述

平板电脑（Tablet PC、Tablet、Slates）是一种小型、方便携带的个人计算机，以触摸屏作为基本的输入设备。平板电脑相比笔记本电脑，无须翻盖、没有键盘、小到足以放入女士手袋，但却功能完整，移动性和便携性都更胜一筹。如图2-54所示为苹果（Apple）The new iPad MC705CH/A 9.7in平板电脑。

图　2-54

1. 平板电脑和笔记本电脑的区别

1）笔记本电脑的内存条是可拆卸的，而平板电脑的内存颗粒嵌入平板电脑的主板上，被称为"机身内存"。这样，平板电脑的功耗和发热量更小。

2）笔记本电脑的硬盘采用固态硬盘、机械硬盘或二者混合。而平板电脑使用的存储媒体为SD卡或TF卡（SD卡是1.5cm宽，2cm长的卡，一般在数码照相机里使用，而TF卡是通常手机里使用的），如图2-55所示。进一步降低了计算机的重量、功耗和发热量。目前，平板电脑还只是一个智能终端设备，无须应对复杂储存和大量数据，因此，在运行时只要能够满足处理器及内存计算的使用需求即可。

图　2-55

3）处理器平台。笔记本电脑的处理器是基于Intel或AMD平台的，功耗和发热是整机中最大的一部分。而平板电脑的处理器是基于ARM平台的，它专门为小型移动设备开发，更强调低功耗和低发热量。

2. 平板电脑选购策略

1）用途。如果需要做大量的文字工作、提高办公效率、玩《魔兽世界》等大型游戏，则建议购买笔记本电脑。如果只想玩《愤怒的小鸟》等小型游戏、间或输入几个文字、想获得好的图形和视频显示体验（比如横着或竖着看图片，用几个手指切水果），则平板电脑是最佳选择。

2）重量和分辨率。目前，平板电脑的尺寸集中在7in和10in两种，以iPad为例，10in屏的机器重量约为680g。那么7in屏的机器重量约400g。大屏幕的优点是，拥有高达1 024×600以上的分辨率，无须拖动滚动条即可浏览网页。而小屏幕普遍只有800×600的分辨率。

3）触摸屏类型。电容屏比电阻屏的输入要流畅和舒适，但价格略高。电阻屏的触摸几乎需要指尖米进行。多点触控屏可以实现一些特效，比如放大屏幕某个区域，用几个手指切水果，增加用户的操作体验。

4）硬件配置。普通用户无法更换平板电脑的内部硬件。但是Android 3.0版本以后就开始规定硬件最低配置，即Cortex-A8，1GHz主频，512MB内存。因此，购买时，要考虑操作系统的升级要求，硬件配置应适度超前。当前市场上热销的、价格1 500元左右的平板电脑，其处理器主频为1GHz，双核心，机身1GB DDR2内存，配16GB以上存储卡，前置30万像素、后置200万像素的双摄像头。

5）电池续航时间。iPad的电池续航时间超过10h，其他主流平板的电池续航时间不小于6h。

6）软件支持。对于平板电脑来说，更注重应用。好的平板电脑应该提供应用软件的免费更新和下载的后台服务。

7）扩展能力。是否支持USB、miniUSB、TF卡、U盘接口；是否支持VGA接口、是否支持有线网络接口、是否支持3G畅游、是否支持WIFI无线、是否支持GPS导航、是否支持CMMB移动电视功能等。

五、一体机电脑

一体机电脑由一台显示器、一个键盘和一个鼠标构成，显示器里集成传统台式机里的部件，如CPU、硬盘、内存等。如图2-56所示为联想C325（E450/2GB/500GB/黑色）一体机电脑。

图　2-56

1．一体机电脑的主要特点

1）线路连接简约。不像台式机、音箱线、摄像头线、视频线、网线、键盘线、鼠标线等在空间中的布置较杂乱。

2）外形纤细、美观时尚。符合人们特别是年经人的审美观点。

3）节省安放空间。

4）环保和节能。耗电仅为传统分体台式机的1/3，电磁辐射更小。

5）显示器较大。可以在较远距离观看内容，如果带有无线键盘和鼠标，则完全可以像操作电视机一样操作一体机电脑。

2．一体机电脑购买策略

1）散热。在一个狭小的空间需要布置与台式机一样多的部件，有效散热是制约其发展的瓶颈问题。因此，一体机电脑不可能出现高配置的机型。有的厂商采用笔记本电脑的部件，可以非常好地解决散热问题，只是这种机型的制造成本会很高。

2）升级潜力和售后服务能力。一体机不像台式机一样，拆开机箱便可升级硬件。购买时，一定要考虑自己是否有把握升级成功。因为，目前一体机电脑的售后服务远没有台式机或笔记本电脑那样发达。

老师："小张，这趟电脑城之行，收获挺大的吧？"

小张："首先感谢李工，学习了这么多的配件知识，我基本上掌握了购买要领。"

老师："那你说说看计算机配置时，应该遵循哪些原则呢？"

小张："第一，先选CPU，确定了CPU的架构后，才选合适的主板。现在主板一般可以支持多个CPU架构。但每款主板都只支持一个CPU厂商。第二，CPU选择以够用为原则，要选出货量大的型号。第三，主板选择以兼容性高为原则……"

李工："嗯。看来小张学习很卖力，很有潜质，今后可以考虑向这个方向发展。我要忙别的事了。"

小张："李工再见。"

思考与练习

一、选择题

1．下面哪个公司不是著名的CPU厂商？（　　　）

    A．Intel   B．AMD   C．Microsoft

2．下面哪个CPU系列型号俗称为"酷睿2双核"？（　　　）

    A．Celeron Dual Core   B．Core 2 Duo

    C．Pentium Dual Core   D．Athlon X2

3．CPU主频、倍频和外频三者之间的关系是什么？（　　　）

    A．主频=外频×倍频   B．外频=主频×倍频

    C．倍频=外频×主频

4．下面哪个是CPU速度的单位？（　　　）

    A．GHz   B．MB   C．GB

5．下面哪个电压是当今CPU核心工作电压？（　　　）

    A．5V   B．3.3V   C．1.40V

6．下列接口中哪个不是当今主流类型？（　　　）

    A．Socket775   B．Socket AM2   C．Socket AM3   D．Socket 7

7．在目前的家用市场上，用得最多的主板结构是哪个？（　　　）

    A．AT结构   B．Baby AT结构   C．ATX结构   D．Micro ATX结构

8．下面哪个不是主板芯片组厂商？（　　　）

A. Intel   B. VIA   C. NVIDIA   D. ATI

9. 在Socket775主板上，CPU专用电源接口是几口的？（　　）

A. 20口   B. 4口   C. 6口   D. 24口

10. 主板上的IDE设备接口是怎样的？（　　）

A. 双排40pin   B. 双排34pin   C. 双排24pin

11. 现在流行的显卡一般会插在主板的哪个插槽内？（　　）

A. DIMM   B. IDE   C. SATA   D. PCI-E

E. PCI

12. DDR2内存条的典型特点是什么？（　　）

A. 一个缺口，240pin   B. 一个缺口，184pin

C. 两个缺口，168pin

13. 被称为"内存颗粒"的是哪个？（　　）

A. 内存芯片   B. 金手指   C. 内存缺口

14. 下面哪个参数可以代表当今主流的内存速度？（　　）

A. 70～80ns   B. 60ns   C. 6ns

15. 当今DDR2内存条的容量最有可能的是哪个？（　　）

A. 4MB   B. 16MB   C. 32MB   D. 512～1 024MB

16. 下面哪个不是影响硬盘性能的主要因素？（　　）

A. 容量和转速   B. 单碟容量

C. 硬盘缓存   D. 平均寻道时间

E. 硬盘尺寸

17. 显卡专用的局部总线是下面哪个？（　　）

A. PCI总线   B. AGP总线   C. PCI-E总线

18. 显卡上相当于"图形处理器"的是下面的哪个？（　　）

A. GPU   B. 显存   C. 显卡BIOS   D. DVI接口

19. LCD显示器的_____高时，会出现重影、拖尾等现象。（　　）

A. 标准分辨率   B. 可视角度

C. 响应时间   D. 刷新率

20. 家用计算机的机箱电源种类最多的是什么？（　　）

A. AT机箱   B. Baby AT机箱   C. ATX机箱   D. Micro ATX机箱

21. 4pin D型接口是给_____设备供电的。（　　）

A. PCI-E显卡   B. CPU   C. 硬盘   D. 内存

22. 一般电源的额定功率是多少？（　　）

A. 100～150W   B. 150～200W   C. 200～350W   D. 350～450W

23. 普通声卡上用来接音箱的小圆孔上的标注是什么？（　　）

A. Line In   B. Line Out   C. Mic In

24. 现在接键盘、鼠标的接口不可能是_____。（　　）

A. 串口   B. PS/2口   C. USB接口   D. VGA口

二、判断题

1. 前端总线（FSB）是将CPU连接到北桥芯片的总线。通过前端总线（FSB），CPU可与内存、显卡交换数据。 （ ）

2. CPU二级缓存容量越大，CPU工作效率就越高。 （ ）

3. 从CPU速度上来讲，接口类型是最重要的参数。 （ ）

4. 只要购买一款支持双通道内存的主板和一根内存条，系统就工作在双通道模式下了。 （ ）

5. CPU接口是主板上最核心的部分，它相当于整个计算机系统的"灵魂"。 （ ）

6. 主板上扩展槽的种类与数量、扩展接口的类型和数量是由北桥芯片决定的。 （ ）

7. 一个SATA接口只允许接一个SATA硬盘或光驱。 （ ）

8. 不同种类的内存条不能混插在同一块主板上。 （ ）

9. 移动硬盘多采用IDE或SATA等传输速度较快的接口。 （ ）

10. U盘容量为1.44MB。 （ ）

11. 一张普通的CD-R光盘容量可达4.7GB。 （ ）

12. CD-RW、DVD-RW是既可以读取，也可以经由刻录机写入的盘片。 （ ）

13. CPU计算、控制的数据信息可以直接显示在显示器上。 （ ）

14. 显卡的DVI接口可以直接接在普通CRT显示器上。 （ ）

15. 显存位宽是指显卡在显示器上所能描绘的像素点的数量。 （ ）

16. LCD显示器能显示的最高分辨率就是标准分辨率。 （ ）

17. 购买电源时，应着重关注峰值功率。 （ ）

18. 集成声卡就是在主板上附带了声效处理芯片。 （ ）

19. 对中低档的音箱，频率范围越宽声音就越好听。 （ ）

三、实操题

某用户是一个证券从业者，每天的工作就是打开几个窗口盯着美元、英镑等货币的汇率曲线，每天关注着沪深两市A股行情。请为他配置一台计算机，开列配置清单。

 质量评价

	项目或任务	完成情况		
项目1	熟悉CPU的三个关键频率	□好	□一般	□差
	熟悉CPU的封装类型（Socket）	□好	□一般	□差
	熟悉当今主流的CPU类型	□好	□一般	□差
	熟悉购买策略	□好	□一般	□差
项目2	能区分AT主板和ATX主板	□好	□一般	□差
	能识别主板上的插座、接口类型及作用	□好	□一般	□差
	了解北桥、南桥、BIOS等芯片组的功能、厂商	□好	□一般	□差
项目3	了解内存的分类方法	□好	□一般	□差
	能区分掌握SDRAM、DDR SDRAM（一代、二代）内存条的特点	□好	□一般	□差
	知道内存的主要性能参数	□好	□一般	□差
	熟知主流的内存品牌及型号	□好	□一般	□差

	项目或任务	完成情况		
项目4	熟知外存储设备的种类及各自的特点	□好	□一般	□差
	了解IDE、SATA接口硬盘、光驱的性能	□好	□一般	□差
	了解光盘刻录技术	□好	□一般	□差
	熟知主流的硬盘品牌及型号	□好	□一般	□差
项目5	熟知显卡和显示器的种类	□好	□一般	□差
	熟知显卡选购策略	□好	□一般	□差
	能说出显卡的主要性能参数	□好	□一般	□差
项目6	掌握ATX电源的性能参数、接口类型	□好	□一般	□差
	熟知ATX机箱选购策略	□好	□一般	□差
项目7	了解声卡、音箱等多媒体设备的主要参数	□好	□一般	□差
	能连接5.1声卡和音箱	□好	□一般	□差
项目8	知道选购键盘鼠标的注意事项	□好	□一般	□差
项目9	会分析用户的核心需求，确定主要性能指标	□好	□一般	□差
	熟悉计算机询价流程	□好	□一般	□差
	会根据工作性质，确定合适的计算机配置	□好	□一般	□差
项目10	了解笔记本电脑、上网本和超级本等计算机配置的差别	□好	□一般	□差
	了解笔记本电脑、上网本和超级本的选购策略	□好	□一般	□差

计算机组装与维护实训教程

第3章 组装计算机

经过一番讨价还价，小张终于将一堆硬件从电脑城搬回了家，还没有组装起来，就想马上玩玩自己的"爱机"。把配件全部拆除包装，他马上就傻眼了，该从哪儿着手呀？

于是，小张从一堆名片中找到商家电话，急迫地向老师请教……

小张："老师，我配件都买回来了，现在可以组装了吧？"

老师："不急，我们还要先做些准备工作。"

小张："准备工作？都要准备些啥呀？"

老师："先要准备一块泡沫塑料和必要的工具。"

小张："嗯，这个我已经准备了。还要其他的吗？"

老师："为了防止静电产生，破坏主板电路，要先想办法去除手上、衣服上的静电。"

小张："这个要如何才能去除呢？"

老师："很简单，比如手摸一下金属水管……"

项目1 准 备 工 作

 学习目标

了解装机前的准备工作有哪些，做到心中有数，养成良好的工作习惯。

 任务内容

准备工作台、拆卸工具和辅助工具，还要把买来的硬件拆封，准备好机箱电源等。

 项目分析

在为网吧、学校等场合大批量装机时，准备工作做得越充分，才能够进行流水作业，使装机工作有序进行。

 操作指导

1. 准备工作台

如果已购买了电脑桌，则它就是最好的工作台。然后准备一张泡沫塑料或一层硬纸板，把买回来的主板放在上面。

2．准备常用工具

中号十字螺钉旋具、一字螺钉旋具各一把，尖嘴钳一把。如果螺钉不小心掉进主机箱，则很难弄出来，所以螺钉旋具最好是带有磁性的。环形橡皮筋几只，用来捆扎线缆。导热硅脂（购CPU风扇时索取）。如图3-1所示。

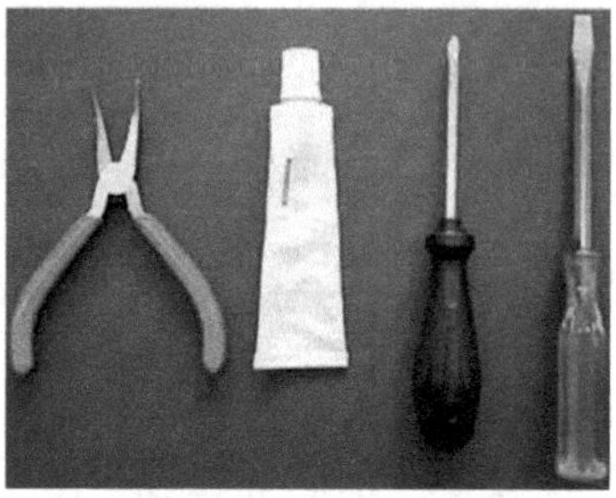

图　3-1

3．开封部件

将买回的部件开封，取出部件，除机箱放在工作台上外，其他部件放在部件放置台上，不要重叠。说明书、安装光盘、连接线、螺钉分类放开备用。注意，不要触摸拆封部件上面的线路及芯片，以防静电损坏它们。一些带有静电包装膜的部件，如主板、硬盘和内存等，在安装前，先不要拆开外包装。

4．准备机箱

1）机箱立放在工作台上，拆下机箱两边的侧面板，取出附送的外接220V市电的电源线和附件包（内有螺钉、机箱脚垫、主板垫柱和后面板PCI插槽防尘片等附件）。

2）整理机箱扬声器、控制线，将它们收拢，用橡皮筋简单捆扎在一起，以免影响后续操作。

3）机箱卧放，左面向上。将附件包中的6颗主板安装螺钉（6面体铜制，下部带螺杆，上部带螺纹孔）根据主板上的安装孔位置，旋入机箱托板上的对应孔内。

4）对照主板输入/输出接口的部位，用手或十字螺钉旋具推压，去除机箱后面板上相应的安装孔，并拆除使用的PCI插槽、PCI-E插槽位置上的铁片。

5）将购买机箱时附带的主板垫柱，对准底板上的孔位一一上紧。

6）安装好主机ATX电源。

7）至此，机箱准备工作完成。将它放到其他地方，腾出工作台。

质量评价

任务或步骤	完成情况		
工作台是否足够大，操作是否方便	□好	□一般	□差
操作工具是否齐备，螺钉旋具是否带有磁性	□好	□一般	□差
部件是否摆放整齐，说明书、连线等是否准备妥当	□好	□一般	□差
机箱内控制线、电源线是否收拢，是否捆扎	□好	□一般	□差
板卡对应位置的铁片是否已经拆除	□好	□一般	□差
主板垫柱是否已经上好	□好	□一般	□差

项目2　组装一台完整的计算机

小张："老师，准备工作都做好了，现在是不是可以把部件一个个地往机箱里面放呢？"

老师："呵呵，别着急。装机前还是要先有一个思路。"

小张："思路，啥思路？"

老师：　"先装成小组件，再合并成大组件。先机箱内部，后机箱外部。这就是思路！先别忙着把主板放入机箱，因为机箱里面空间狭小，不便操作。这是初学装机的同学常犯的错误。应先把CPU、风扇、内存条等安装在主板上再放入机箱。"

学习目标

掌握装机的整个过程，做到流程规范，位置正确，操作得当，确保部件不被损坏。

项目任务

把购买的各部件，按照一定规范和流程，组装成一台完整的计算机。

项目分析

组装计算机并不是把一堆配件"凑"在一起。如果没有一个完整的组装思路，则难免顾此失彼，效率低下。如果方法不当，轻则插卡插不牢，破坏板卡电路，重则烧坏硬件。

通过装机活动，不仅可以纠正初学者的错误操作，掌握装机技巧，而且还可以进一步掌握主机的内部结构、观察正常的工作状态。

一般而言，为了操作顺手，也为了及时把故障排除在先，应当遵循"先小组件，后大组件；先机箱内，后机箱外"的原则。组装流程如图3-2所示。

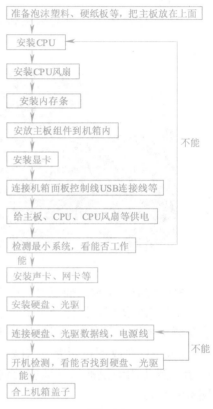

图　3-2

任务1　安装CPU及风扇

任务内容

在主板上安装CPU及CPU散热风扇。

任务准备

将拆封的主板平放在泡沫塑料或硬纸板上。将买来的CPU和CPU风扇拆封，并准备好散热膏。

操作指导

1. 安装CPU

在安装CPU之前，将主板平放在安装台上，首先找到处理器的插座，先打开插座，方法是用适当的力向下微压固定CPU的压杆，同时用力往外推压杆，使其脱离固定卡扣，如图3-3所示。

压杆脱离卡扣后，便可以顺利地将压杆拉起，LGA775插座出现在眼前，如图3-4所示。

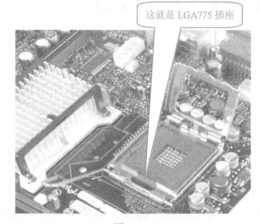

这就是 LGA775 插座

图 3-3　　　　　　　　　　　　　　　　图 3-4

将CPU放在主板的插座上。在CPU处理器的一角上有一个三角形的标志，另外仔细观察主板上的CPU插座，同样会发现一个三角形的标志。在安装时，处理器上印有三角标志的那个角要与主板上印有三角标志的那个角对齐，然后慢慢地将处理器轻压到位。

将CPU安放到位以后，盖好扣盖，并反方向微用力扣下处理器的压杆，如图3-5所示。至此CPU便被稳稳地安装到主板上，安装过程结束。安装好后的CPU处理器，如图3-6所示。

图 3-5　　　　　　　　　　　　　　　　图 3-6

2. 安装CPU散热风扇

在CPU的核心上均匀涂上足够的散热硅脂（散热膏）。但要注意不要涂得太多，只要均匀地涂上薄薄一层即可。

1）首先在主板上找到CPU和它的支撑机构的位置，然后安装好CPU。

2）接着将散热片妥善定位在支撑机构上。

3）再将散热风扇安装在散热片的顶部——向下压风扇直到它的4个卡子嵌入支撑机构对应的孔中。

4）再将2个压杆压下以固定风扇，需要注意的是每个压杆都只能沿不同的方向压下，如图3-7所示。

图 3-7

老师："现在CPU和风扇都安装好了。通过本次活动，你能说一说安装CPU和风扇都有哪些注意事项吗？"

小张："嗯，我想想。首先是CPU和Socket上的三角形标志要对齐。"

老师："不错，这个很重要。也容易被忽略。怎样确保CPU和Socket贴合好了呢？"

小张："哦，老师，我看见了，你在操作时，Socket上的压杆反复摇了几下。"

老师："不错，你很善于观察。另外，如何确保风扇有效散热呢？"

小张："一是要在CPU核心上涂散热硅脂。二是风扇的压杆要朝两个方向。"

老师："太正确了。下面我们来装内存条吧。"

 质量评价

任务或步骤	完成情况		
CPU和Socket上的三角形标志是否对齐	□好	□一般	□差
CPU和Socket是否贴合紧密	□好	□一般	□差
CPU核心上涂散热硅脂时是否均匀	□好	□一般	□差
CPU风扇的压杆是否朝两个方向	□好	□一般	□差

任务2 安装DDR2内存条

 任务内容

在主板上安装DDR2内存条。

 任务准备

把买来的内存条拆封。如果是旧内存条，应该用橡皮擦反复擦拭金手指，直到光亮为止。

 操作指导

安装内存条时先用手将内存插槽两端的扣具打开，如图3-8所示。然后将内存平放入内存插槽中（内存插槽也使用了防呆式设计，反方向无法插入，在安装时可以对应一下内存条与插槽上的缺口），用两拇指按住内存条两端轻微按下。

听到轻轻的"咔"一声响后，即说明内存条安装到位了。

至此，主板上部件的安装工作完成，如图3-9所示。

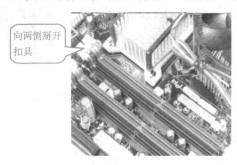
向两侧掰开扣具

图　3-8

图　3-9

小知识 ★★

如果要组建双通道内存，那么请确保将两根内存条插在相同颜色的DIMM插槽上。

小张：　"内存条安装比CPU和风扇安装要简单多了。"

老师：　"是。但也不能掉以轻心。据统计，日常生活中，40%的故障就出在内存条上。"

小张：　"啊？"

老师：　"主机箱移动，机器长时间不用，或者气候原因，都会影响内存条与DIMM接触的紧密程度。"

小张：　"哦，那我多尝试插几次吧。"

……

老师：　"好，现在让我们把这个小组件安放到机箱里面。"

 质量评价

任务或步骤	完成情况		
内存条缺口朝向是否正确	□好	□一般	□差
插入过程中是否听到"咔"的声响	□好	□一般	□差
如果有两根内存条，那么是否组成了双通道	□好	□一般	□差

任务3　安装主板到机箱内

 任务内容

把安装好的CPU、风扇和内存条的主板组件放到机箱内，拧好紧固螺钉。

任务准备

准备一款机箱，如果是新机箱，那么请将挡片拆掉，预先安装好主板垫柱。

操作指导

把主板放入机箱，将它安放在机箱托板上，看看与准备机箱时安装的垫柱位置是否合适。如果不合适，那么应调整底板上垫柱的位置。然后用螺钉将主板固定在垫柱上，如图3-10所示。

安放主板时，一定要保证安装孔对正，这样才能够轻松旋入螺钉，千万不要凑合。如果安装孔已经偏位了，还强行旋入螺钉，那么将使主板产生内应力，时间一长，可能引起印制电路板导线断裂等难以查找和修复的隐患。另外，安装孔偏位也可能使托板上的铜螺钉与主板背面线路接触，形成短路或"接地"，造成电路故障，甚至损坏主板。

主板是否安装到位，可以通过机箱背部的主板挡板来确定。只要外设接口全部露出，就表明主板安装到位了，如图3-11所示。

图 3-10

图 3-11

质量评价

任务或步骤	完成情况		
几颗螺钉是否一一放在对应的孔位上，并预先拧紧6、7成	□好	□一般	□差
拧紧时是否沿着对角线方向进行	□好	□一般	□差
外设接口是否全部露出	□好	□一般	□差

老师："好了，我们已经把主板固定到机箱里面了。通过这个活动，你能说一说都有哪些注意事项吗？"

小张："这个很容易。拧紧螺钉就行了！"

老师："但如果主板上的孔位和机箱底部的垫柱孔位有偏差，就有讲究了。我们要把几颗螺钉一一放在对应的孔位上，预先拧紧6、7成，最后再一起全部拧紧。而且拧紧时，要沿着对角线方向顺序进行。"

小张："哦，这样，即便孔位有一些偏差，也可以利用主板上孔的间隙自动调整主板位置。"

老师："哈哈，只要注意观察，你会发现一般的操作其实也有学问。"

小张："现在是不是可以连接控制线了？"

老师："对。不过，请要记住几个英文单词的含义，比如 'SPEAKER，H.D.DLED，POWER SW，RESET SW'"

......

老师："好，现在让我们把这个小组件安放到机箱里面。"

任务4　连接机箱至主板的控制线

任务内容

把机箱面板上的控制线连接到主板上对应的接线柱上。

任务准备

如果机箱面板控制线已经捆绑，那么首先解开。准备好主板说明书。

操作指导

机箱前置面板上有多个开关与信号灯，这些都需要与主板左下角的一排插针一一连接。关于这些插针的具体定义，需要查阅主板说明书，因为主板PCB上的字符实在太小了。

如图3-12所示为技嘉（GIGABYTE）EP41-UD3L主板的前端面板控制接脚示意图。

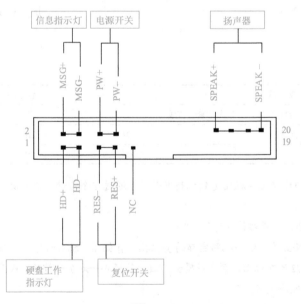

图　3-12

一般来说，需要连接扬声器（SPEAKER）、硬盘工作指示灯（H.D.DLED）、电源开关（POWERSW）、复位开关（RESETSW），其中RESET开关在连接时无需注意正负极，而扬声器、硬盘信号灯和电源信号灯需要注意正负极，白线或者黑线表示连接负极，彩色线（一般为红线或者绿线）表示连接正极，如图3-13所示。

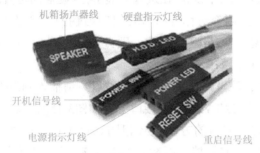

图 3-13

 质量评价

任务或步骤	完成情况		
控制连线极性是否正确	□好	□一般	□差
控制连线是否按主板上的标记连接	□好	□一般	□差

小张："老师，通过这个活动，我知道了主板不同，控制接脚的接法可能就不同。我的英文功底比较差，要如何才能快速识别这些接脚的含义呢？"

老师："不错。这个环节是很多同学学习的难点。但只要树立了必胜信念，没有学不好的技术。我们可以总结一下。主板上标记为'RST'或'RES'的，是复位引脚。标记为'HD'或'HDD'的，是硬盘指示灯引脚。标记为'PW'或'PWR'的是电源开关引脚。"

小张："是不是标记为'SPK'或'SPEAKER'的为扬声器引脚？"

老师："太对了，你太有才了！！！"

小张（得意而又很高兴地）："嘿嘿……"

老师："下面该安装存储设备了。"

任务5 安装硬盘、光驱

 任务内容

安装SATA硬盘和光驱。

 任务准备

拆开SATA硬盘及光驱的包装和数据线。如果电源线已经捆绑，那么请先解开。

操作指导

安装SATA硬盘和光驱的工具只需要一把合适的十字螺钉旋具即可。

硬盘是机箱内的一大热源，因此，在选择安装SATA硬盘的位置时，要注意散热问题。

现在的机箱驱动器槽两侧都对称分布着几组向内翻的"耳朵"，专门用来定位磁盘驱动器。只要找到一个空闲的3.5in驱动器槽，硬盘下边留足空间，在两个"耳朵"间平推入，两侧再用螺钉固定即可，如图3-14所示。

连接数据线和电源线。注意，如果只有一个硬盘，请插入到SATA0的主板接口上（见图3-14）。SATA光驱请插入到SATA1的主板接口上，如图3-15所示。

安装光驱的方法与安装硬盘的方法大致相同。只不过是安装在5in驱动器槽。对于普通的机箱，只要将机箱托架前的挡板拆除，将光驱在两个"耳朵"间平推入，拧紧螺钉即可。

图 3-14

图 3-15

 质量评价

任务或步骤	完成情况		
硬盘安装位置是否注意散热问题	□好	□一般	□差
硬盘安装方向是否正确	□好	□一般	□差

老师："通过这次活动，你已经掌握了安装SATA设备的方法。假设现有一个新的SATA硬盘，用来全新安装Windows，一个旧的SATA硬盘用作数据盘，还有一个光驱，想一想，该如何接线，有哪些注意事项呢？"

小张："我想，新的SATA硬盘一定接在SATA0上，其他两个SATA设备分别安装在SATA1和SATA2上，对吧？而且尽量隔开两个SATA硬盘的距离，以利于散热。"

老师："非常正确。如果是多个IDE设备呢，那么就比较复杂喽！"

小张："那我们现在开始来安装IDE设备吧。"

老师："不急，这个问题在本章实战训练中解决。现在让我们来安装插卡吧。"

任务6　安装插卡（显卡、声卡、网卡等）

 任务内容

安装显卡、声卡和网卡等插卡。

 任务准备

主机箱上插卡对应的挡片已经拆除。如果安装的是独立显卡、声卡、网卡，而主板又集成了相应的设备，那么请事先禁用该集成设备。

 操作指导

安装插卡的工作就简单多了，过程大致一样。需要注意的是，声卡和网卡一般安装在主板的PCI插槽上。而显卡一般安装在AGP插槽或PCI-Express插槽上，如图3-16所示。本任务以后者为例进行介绍。

将显卡插入主板上的PCI-Express接口上，如果听到"咔"的一声，则说明显卡已经安装到位。最后将显卡的金属翼片固定在机箱后面板的台面上，如图3-17所示。

图　3-16

图　3-17

 质量评价

任务或步骤	完成情况		
插卡是否插混	□好	□一般	□差
插卡是否装正	□好	□一般	□差
插卡金属翼片是否拧好螺钉	□好	□一般	□差

小张：　"呵呵，老师，插卡的插拔与内存条的插拔差不多。"

老师：　"是的，插卡和内存条一样，都有缺口，不容易插反。但很多初学者经常出现插不到位的错误。"

小张：　"老师，有什么办法呢？"

老师：　"安装好后再目测一遍。"

小张：　"目测？我不懂。"

老师：　"这是老手常用的方法，就是看插卡的金手指露在外面的高度是不是平齐的，这样通常可以发现很多问题。"

小张：　"啊……看来装机还真有讲究'姜还是老的辣'呀！"

老师：　"多观察、多实践，你也会成为'老姜'的。好了，主要工作已经完成了，让我们来清理一下机箱内部吧。"

任务7　接上电源，清理机箱内部线缆

任务内容

为机箱内CPU、风扇、主板和存储设备供电。

操作指导

将机箱电源的20线ATX电源插头，插入主板上的ATX电源插座。注意，该插头座有一个卡钩，如图3-18所示，要拔出插头时，须压下钩柄，使钩端抬起，否则难以拔出。

现在的CPU在主板上都有一个专用的供电接口，为4芯电缆。具有防反设计，反方向无法插入。该插头座同样有一个卡钩，要拔出插头时，须压下钩柄，使钩端抬起，否则难以拔出，如图3-19所示。

图　3-18

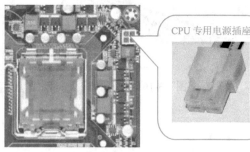

CPU 专用电源插座

图　3-19

最后将CPU风扇的电源线接到主板上3针的电源接头上。主板上的标志字符为CPU_FAN，如图3-20所示。

整理机箱内的线缆。将多余长度的线缆和没有使用的电源插头折叠、捆绑，使机箱内部整洁、

美观。同时注意不要让线缆碰到主板上的部件，尽量给CPU风扇周围留出更大的空间，以利散热。

至此，硬件的连接基本完成。

千万别忘记了插风扇电源！

图 3-20

小知识 ★★

老式的ATX主板上没有CPU专用电源接口。比较新的主板，都已经配备了专用的CPU专用电源接口。

初学者最容易忽略的是检查各种电源线是否接好。如果只接主板电源，而忘记了接CPU风扇电源，那么当主机加电后，极可能烧坏CPU。

质量评价

任务或步骤	完成情况		
CPU电源是否插好	□好	□一般	□差
CPU风扇电源是否插好	□好	□一般	□差
硬盘、光驱电源是否插好	□好	□一般	□差
机箱内线缆是否已经整理	□好	□一般	□差

老师："记住，初学者容易忘记插CPU电源和风扇电源，安装完后要最后确认一次。"

小张："老师，我记住了。下面是不是可以开机了？"

老师："呵呵，你还没接上鼠标和键盘呢。"

小张："哦，这个我会。紫色的接键盘，浅绿色的接鼠标，接的时候注意方向就行了。"

任务8 连接键盘和鼠标，开机检测

操作指导

在连接PS/2接口鼠标时不能错误地插入键盘PS/2接口（当然，也不能把PS/2键盘插入鼠标PS/2接口）。一般主板上的PS/2接口都有颜色，紫色的为键盘接口，草绿色的为鼠标接口。

另外，也可以从PS/2接口的相对位置来判断，靠近主板PCB的是键盘接口，其上方的是鼠标接口，如图3-21所示。

连接显示器。如图3-22所示是显示器数据线和主板背板上的VGA接口示意图。

别忙着盖机箱盖子，还要开机检测一下硬件组装是否正确。

开机前请确保CPU风扇已经接好电源，主板上的CPU专用电源插座已经接好电插头。

按机箱面板上的电源按钮。注意，一般台式机箱面板上有一大一小两个按钮，大的是电源按钮，小的是复位按钮。

图 3-21

图 3-22

如果一切操作没有错误，所有板卡插正插稳了，则第一次启动计算机时，一般会听到扬声器发出"嘀"的一声，显示器有"嚓"的一声，接着将出现Logo画面，如图3-23所示。

再之后，计算机将准备从硬盘启动。

图 3-23

小知识 ★★

如果开机时没有出现Logo画面，则检测故障的顺序如下。

拔下CPU，重新安装，确保CPU与插槽接合牢靠。

确认CPU和风扇已经接上了电源。

如果出现"嘀——嘀——"的鸣叫声音，间隔时间大约为5s，这一般是提示内存条没有插好。拔下内存条，重新插拔几次，使内存条的金手指与插槽接合牢靠。

 质量评价

任务或步骤	完成情况		
键盘接口方向及位置是否正确	□好	□一般	□差
鼠标接口方向及位置是否正确	□好	□一般	□差
启动过程中是否听到扬声器声音	□好	□一般	□差

项目3 组装最小系统

学习目标

1）熟练掌握安装主板、CPU、CPU风扇、内存条和显卡的方法，并进行简单的故障排除。

2）进一步熟识主板结构及主要插卡。

项目任务

进行插卡实战训练，并点亮这个最小系统。

项目准备

1．实战训练准备工作

硬件：ATX电源、主板、CPU（含风扇）、内存条、显卡、显示器、散热硅脂。

工具：中号十字螺钉旋具、一字螺钉旋具各一把，尖嘴钳一把。

2．实战训练组织方式

学生3人为一组。1人负责操作，1人负责检查，1人根据实验过程填写记录表。

操作指导

1）找一块硬纸板垫在主板下面，安装CPU及风扇。

2）安装内存条。

3）将主板固定到机箱里面。

4）连接机箱到主板的控制线。至少应连接开机按钮和扬声器，并连接主板电源、CPU及风扇电源。

5）安装显卡，并连接至显示器。

6）安装工作结束时，请确认各板卡是否插牢，各板卡电源是否接上。

7）启动计算机，观察现象并作记录，见表3-1。

表3-1 观察计算机启动时的现象

主机电源风扇是否正常转动	□是	□否		
CPU风扇是否正常转动	□是	□否		
显卡有无风扇，是否转动	□有	□无	□是	□否
显示器有无显示信息	□有	□无		
是否听到扬声器声音	□是	□否		

任务或步骤	完成情况		
能准确说出最小系统的基本构成	□好	□一般	□差
能迅速组装最小系统并点亮	□好	□一般	□差

思考与练习

一、主板结构识别（见图3-24）

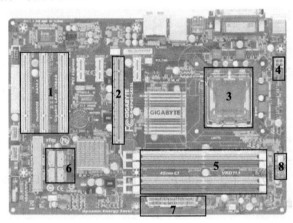

图 3-24

1. _____   2. _____
3. _____   4. _____
5. _____   6. _____
7. _____   8. _____

二、简答题

1. 主板由哪些部分组成？
2. 主板上的扩展插槽有哪些类型？
3. 机箱面板上有哪几种控制线？

三、单项选择题

1. ATX主板电源接口插座为（　　）。
    A．双排20针或24针　B．双排44针　　　　　C．单排20针　　　　　D．单排22针
2. 机箱面板上的硬盘指示灯引线连接到主板上标有（　　）字样的接脚上。
    A．HDD LED　　　　B．PWR SW　　　　　C．RST SW　　　　　D．SPEAKER
3. 主板上硬盘驱动器接口通常标注有（　　）字样。
    A．HDD　　　　　　B．CD-ROM　　　　　C．FLOPPY　　　　　D．S-ATA
4. 一根IDE数据线上最多可接（　　）个硬盘。
    A．1　　　　　　　B．2　　　　　　　　C．3　　　　　　　　D．4
5. 主板上的PCI插槽通常为（　　）。
    A．乳白色　　　　　B．棕色　　　　　　C．蓝色　　　　　　D．黑色

第4章 设置CMOS参数

在第3章的活动中，小张和老师一起动手组装了一台计算机，虽然是第一次"亲密"接触到计算机硬件，但小张觉得自己收获颇多。

小张： "老师，现在是不是该装Windows了呢？"

老师： "不忙。在前面购买主板的活动中，李工跟你提到了BIOS，还有印象吗？"

小张： "有一些，但理解不深透。只知道那颗电池的作用是供电，保持设置好的参数，隔段时间要更换。"

老师： "嗯，不错，你理解基本是正确的。只是概念还有些模糊。本章我们详细研究BIOS，这部分内容有点枯燥。"

小张： "放心吧，老师，我要做一些笔记。"

 本章导读

本章从CMOS与BIOS的关系入手，介绍了CMOS参数对于计算机系统的重要作用。在基本参数的设置活动中，要求学生掌握必备技能，如时间设置、屏蔽启动错误、设置管理密码、加载默认参数。这些活动都是计算机管理员在日常使用维护计算机的过程中经常需要处理的工作。在高级参数设置活动中，学生还可以掌握超频参数设置、启用多核技术支持、CPU过温防护、设置开机密码、清除BIOS密码，这些活动是计算机管理员提高技能的重要途径。

此外，本章的实战训练还设计了"热身"活动，使学生在安装操作系统前作好硬件方面的最后准备工作。

项目1 BIOS基础知识

 项目任务

深刻理解BIOS和CMOS在计算机系统中的重要作用。

 项目分析

因为CMOS与BIOS都与计算机系统设置密切相关，所以才有CMOS设置和BIOS设置的说法。而平常所说的CMOS设置和BIOS设置是其简化说法，也就在一定程度上造成了两个概念的混淆。

 操作指导

BIOS（Basic Input/Output System，基本输入/输出系统）全称是ROM-BIOS，是只读存储器基本输入/输出系统的简写。BIOS中固化的只读程序为计算机的操作提供了最基本的支持，是计算机操作系统与硬件之间的接口。一块主板性能优越与否，很大程度上取决于主板上的BIOS管理功能是否先进。

CMOS是微机主板上的一块可读写的芯片，CMOS可由主板的电池供电，即使系统掉电，信息也不会丢失。由于CMOS ROM芯片本身只是一块存储器，只具有保存数据的功能，所以对CMOS中各项参数的设定要通过专门的程序——BIOS。现在多数厂家将CMOS设置程序做到了BIOS芯片中，在开机时通过特定的按键就可进入CMOS设置程序方便地对系统进行设置，因此，CMOS设置又被叫作BIOS设置。

> 小张： "老师，BIOS和CMOS对我来说还是不完全明白，能不能说得更简单些呢？"
> 老师： "呵呵，准确的说法应是通过BIOS设置程序对CMOS参数进行设置。"
> 小张： "CMOS是系统参数存放的地方，而BIOS中系统设置程序是完成参数设置的手段。好比我们吃的是饭，是'参数'；而筷子是将这些'参数'放进胃的手段。"
> 老师听了小张的描述，不禁哈哈大笑起来，现在他是越来越喜欢自己的学生了。

目前，出品BIOS设置程序的有三家公司，即AMI、Award和Phoenix。三者的设置程序界面风格完全不同，但操作思路一样。而且，BIOS设置程序版本越高，越能挖掘主板性能。

> **小知识** ⭐⭐
>
> 主板出厂后，BIOS版本就已经固定。非专业人员请不要轻易升级BIOS版本，操作不成功轻则不能打开计算机，重则损坏主板。

> 小张： "老师，什么时候需要进行CMOS参数设置呢？"
> 老师： "这个问题问得好。一般在新购买计算机、新增硬件、CMOS数据意外丢失、系统优化的时候需要进行参数设置。"

 质量评价

项目或任务	完成情况		
深刻理解BIOS和CMOS的关系	□好	□一般	□差
知道出品BIOS设置程序的几家公司	□好	□一般	□差
知道什么时候需要进行CMOS参数设置	□好	□一般	□差

项目2 基本CMOS参数设置

项目任务

1）修改系统时间和日期。
2）系统暂停选项。
3）屏蔽软驱。
4）设置超级用户密码。
5）恢复出厂设置。

项目准备

如图4-1所示是计算机启动时显示的一个画面。屏幕下方倒数第二行有一行功能键操作提示。按<DEL>键进入BIOS设置程序主画面，如图4-2所示。

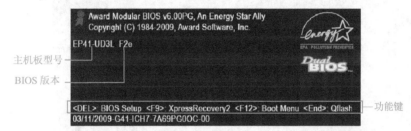

图 4-1

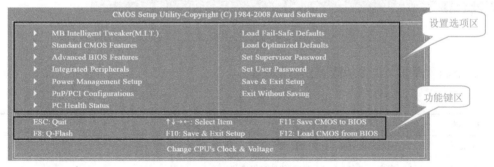

图 4-2

在图4-2的主画面中，上面框中是用来设置选项区的（依次打开的画面称为选项画面，下同），下面框中是功能键区。功能键说明见表4-1。

表 4-1

功能键	说明
ESC	从当前设置画面退到主画面，或退出设置程序
→←↑↓	向右、向左、向上、向下移动光标选择设置项目

功能键	说明
F11	保存参数
F8	进入Q-Flash功能
F10	保存参数并退出BIOS设置程序
F12	加载出厂时的参数（默认）

任务1 修改系统日期和时间

操作指导

选择"Standard CMOS Features（标准CMOS 设置）"，进入如图4-3所示的标准CMOS设置画面。

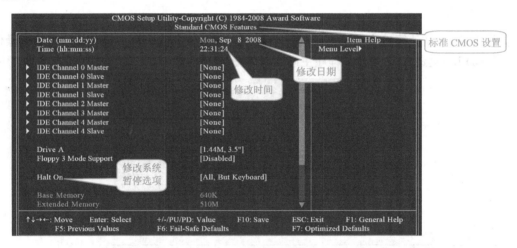

图 4-3

在这个选项画面上，各功能键说明见表4-2。

表 4-2

功能键	说明
ESC	从当前设置画面退到主画面
→←↑↓	向右、向左、向上、向下移动光标选择
+/-/PU/PD	修改每个选项的值
F1	当前选项的帮助，在右部框中显示（全英文）
F5	加载当前选项原先设定的参数值
F6	加载当前选项的安全参数值
F7	加载当前选项的优化参数值
F10	保存当前选项的参数值
F12	加载出厂时的参数值（默认值）

在这个画面中，可以设置当前日期和时间（注意默认时间为主板的出厂日期时间）。

将光标移到"Jan 20 2009"处，按向右、向左光标键选择，然后按<+>、<->、<Page Down>或<Page Up>键进行值的修改。注意，日期格式为"月/日/年"。

将光标移到"22:31:24"处，按向右、向左光标键选择，然后按<+>、<->、<Page Down>或<Page Up>键进行值的修改。时间格式为"时:分:秒"。

设置完毕，按<F10>键保存。

任务2 修改系统暂停选项

当开机时，若系统检测到POST异常，可设定是否暂停以及接受处理。

 操作指导

如图4-3所示，在"标准CMOS设置"画面中，将光标移到"Halt On"处，可以设置为All Errors、No Errors、All But Keyboard、All But Diskette、All But Disk/Key等5个选项。其含义见表4-3。

表 4-3

选项	说明
All Errors	有任何错误均暂停，等待用户处理
No Errors	不管任何错误，均开机
All But Keyboard	除了键盘以外的任何错误，均暂停，等待用户处理（默认）
All But Diskette	除了软盘以外的任何错误，均暂停，等待用户处理
All But Disk/Key	除了键盘\软盘以外的任何错误，均暂停，等待用户处理

任务3 屏蔽软驱

 操作指导

在无盘机上，通常有如图4-4所示的提示，系统暂停，等待用户处理。

在图4-4中的"Floppy Disks（s）Fail（40）"意为"软驱检测错误"，因为无盘站中根本没有安装软驱，所以报系统暂停错误。

解决办法为在"标准CMOS设置"画面中，将光标移到"Halt On"处，设置选项值为"All But Keyboard"（参见图4-3）。

图 4-4

任务4 设置超级用户密码

所谓超级用户，是指能够进入BIOS程序并设置、修改参数的用户。

设置超级用户密码的步骤为在主界面中，将光标移到"Set Supervisor Password"处，按<Enter>键弹出输入框，输入密码，系统会再让用户输入一次，必须两次密码一致才能生效，如图4-5所示。设置完毕，按<F10>键保存。

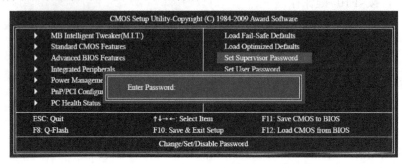

图 4-5

下次在POST画面中按<DEL>键进入BIOS设置画面时，必须先输入超级用户密码。

任务5 恢复出厂设置

当CMOS参数意外丢失，或者设置好的参数不能让系统稳定工作，此时就要恢复出厂时的默认参数。通常默认参数较为保守，但可以确保系统开机时更加稳定。因此，默认参数通常又称为"安全参数"。

操作指导

恢复"安全参数"的步骤为在主界面中，将光标移到"Load Fail-Safe Defaults"处按<Enter>键，在弹出的对话框图中回答"Y"，即可恢复"安全参数"，如图4-6所示。

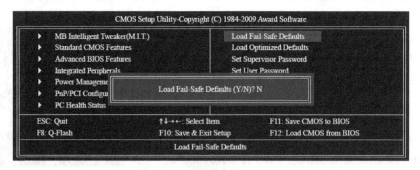

图 4-6

每一款主板都要固化一套独立的BIOS设置程序，主板硬件环境不同，参数设置区别就很大。为了优化参数，主板在出厂时，已经预设了一组参数值存放在CMOS芯片中。

恢复"优化参数"的步骤为在主界面中，将光标移到"Load Optimized Defaults"处按<Enter>键，在弹出的对话框图中回答"Y"，即可恢复"优化参数"，如图4-7所示。

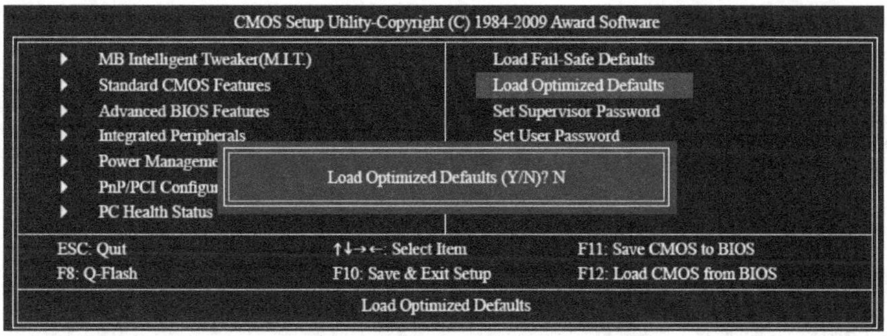

```
CMOS Setup Utility-Copyright (C) 1984-2009 Award Software
    ►  MB Intelligent Tweaker(M.I.T.)          Load Fail-Safe Defaults
    ►  Standard CMOS Features                  Load Optimized Defaults
    ►  Advanced BIOS Features                  Set Supervisor Password
    ►  Integrated Peripherals                  Set User Password
    ►  Power Manageme
    ►  PnP/PCI Configu       Load Optimized Defaults (Y/N)? N
    ►  PC Health Status

ESC: Quit                    ↑↓→←: Select Item        F11: Save CMOS to BIOS
F8: Q-Flash                  F10: Save & Exit Setup    F12: Load CMOS from BIOS
                        Load Optimized Defaults
```

图　4-7

 质量评价

项目或任务	完成情况		
能熟练地修改系统日期和时间	□好	□一般	□差
知道系统暂停选项的含义	□好	□一般	□差
知道什么时候需要恢复CMOS参数出厂设置	□好	□一般	□差
会设置超级用户密码	□好	□一般	□差

项目3　高级CMOS参数设置

 项目任务

1）超频参数设置。
2）启动主板多核心支持。
3）设置CPU过温防护。
4）设置开机密码。
5）清除BIOS密码。
6）启用SATA设备。
7）调整启动顺序。

项目分析

相当程度上讲，真正的计算机高手都是设置CMOS参数的高手。一款主板出厂时，为了兼顾市场上的大多数硬件，并不会把参数设置到性能最佳的程度。计算机高手就是根据手中的硬件，通过BIOS程序，尽可能地"挖掘"出具有更高性能的CMOS参数的。

任务1　超频参数设置

老师："在第3章中，我们曾经学习过CPU三个频率的知识，还记得吗？"

小张："记得，有主频、外频和倍频之说。"

老师："你还记得他们之间的关系吗？"

小张："主频=外频×倍频。老师，你是不是要教我怎样超频啊？"

老师："是啊，你购买了一款倍频没有上锁的CPU，我们玩一下超频吧。"

小张（很高兴地）："好嘞"

　　主板购买好后，一般总线频率就固定下来了。以技嘉主板GA-EP41-UD3L为例，总线频率为266MHz，这个值就是CPU工作的外频。只要CPU的倍频没有上锁，调整一下CPU的倍频系数值，理论上就可以使CPU工作在更高的频率。倍频系数只能在主板BIOS设置程序中调整。

操作指导

　　在主界面中选择"MB Intelligent Tweaker（M.I.T）"，进入"频率/电压控制"界面，如图4-8所示。

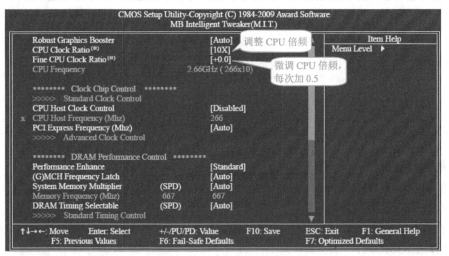

图　4-8

　　因为主板总线频率为266MHz，在图4-8中"CPU Clock Ratio"表示的倍频系数为10×，所以"CPU Frequency"项表示当前侦测到的CPU主频刚好为266×10=2.66GHz。

　　设置倍频系数的步骤为将光标移到"CPU Clock Ratio"处，按"+/-/PU/PD"功能键，调整参数范围。注意，这个范围由BIOS依据CPU种类自动侦测。若CPU已经锁频，则本参数值无法调整。

　　为了稳妥起见，BIOS允许用户精细调整倍频系数值。将光标移到"Fine CPU Clock Ratio"处，按"+/-/PU/PD"功能键，每次加0.5。

小知识 ★★

在"频率/电压控制"界面中，不当的超频或超电压值设定，有可能会造成CPU、主板芯片组以及内存的损坏或缩短其寿命。若自行设定错误导致不能开机，则可清除现有CMOS参数，并重新加载出厂参数。

任务2　启用多核心支持

现在市面上单核的CPU已经被多核的取代。但只有主板和操作系统支持多核心技术，多核CPU才能工作在多核模式。

操作指导

设置主板的多核心支持步骤为在主界面中，将光标移到"Advanced BIOS Features"（进阶BIOS功能设定）处，按<Enter>键打开"进阶BIOS功能设定"界面，如图4-9所示。

然后将光标移到"CPU Multi-Threading（启动CPU多核心技术）"处，将参数值设为"Enable"即可，如图4-9所示。

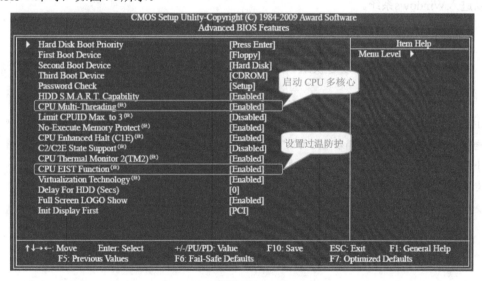

图 4-9

任务3　设置CPU过温防护

如果CPU超频得太多，或者CPU散热不良，则将导致CPU烧坏。

操作指导

技嘉主板GA-EP41-UD3L提供了过温防护功能。操作步骤为在图4-9中，将光标移到

"CPU Thermal Monitor2（TM2）"处，将参数值设为"Enable"即可。

设置过温防护功能后，当CPU温度过高后，将降低CPU脉冲及电压。

任务4　设置开机密码

当计算机不想让无关人员使用时，可以设置一个开机密码，只有输入正确的密码后方能进入系统。因此，开机密码又叫用户密码。

 操作指导

设置开机密码共有两个步骤。

1）在主界面中，将光标移到"Set User Password"处，按<Enter>键弹出输入框，输入密码，系统会再让用户输入一次，必须两次密码一致才能生效。

2）在主界面中，将光标移到"Advanced BIOS Features（进阶BIOS功能设定）"处，按<Enter>键打开"进阶BIOS功能设定"界面（见图4-9）。在这个界面中，将光标移到"Password Check"处，该选项可有两个值，即System和Setup。如果设为System就表示用户必须输入密码才能进入Windows系统。此时如果设置了超级用户，则输入超级用户密码也同样可以进入Windows系统。

> **小知识** ★★
>
> 注意：主板出厂时，该选项默认是Setup。如果不修改默认选项，则即使设了开机密码，也不能生效。

小张：　"老师，如果我的计算机被别人设置了BIOS密码，我无法管理了，那么该怎样处理呢？"

老师：　"还记得主板上的那颗电池吗？"

小张：　"记得……哦，老师，我把电池抠掉，参数就保存不了，对吧？"

老师：　"呵呵，你的思路是对的。"

任务5　清除BIOS密码

如果计算机管理员丢失了BIOS密码，导致无法管理CMOS参数，则此时就必须手动清除BIOS密码。

 操作指导

1．取电池法

首先确保在关机状态下，打开机箱，找到CMOS电池插座，如图4-10所示。接着将卡扣稍用力压向一边，电池将自动弹出，可将电池取出。重新接通主机电源，启动计算机，屏幕上提示BIOS中的数据已经清除，需要重新设置。

　　注意，虽然已经取下了电池，但CMOS电路中有电容器存在，上面储存的电能能维持CMOS电路几分钟甚至更长时间，因此，CMOS芯片里面保存的数据并不会立即还原。通常要等一段时间才能清除BIOS密码。

2. 短路法

　　以技嘉主板GA-EP41-UD3L为例，首先确保关机状态下，打开机箱，找到主板上的CLR_CMOS引脚，一般位于CMOS电池附近，如图4-11所示。引脚为两针结构。用螺钉旋具或镊子短接一下两引脚数秒钟，CMOS芯片里的资料被清除，回到出厂设定状态。

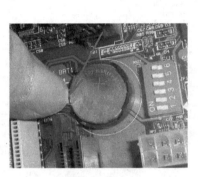

图　4-10

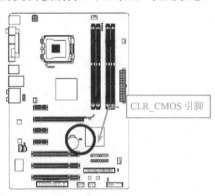

CLR_CMOS 引脚

图　4-11

　　有的主板上清除CMOS参数的引脚为三针，正常状态下1、2针短接时为保持参数，2、3针短接时为清除参数。只要把跳线帽从1、2针上取下，套在2、3针之间使其短接数秒，CMOS芯片里的资料就会被清除，回到出厂设定状态。

　　小知识 ★★

　　现在清除CMOS参数的方法远不止上述两种。早期计算机流行用Debug程序法和COPY命令法来清除CMOS参数。进入Windows时代后，用某些工具软件比如Biospwds.exe、Comspwd.exe也能查到BIOS密码。硬件技术在不断发展，某些方法已经无效了，但取电池法和短路法都是有效的。

　　小张：　"老师，清除CMOS参数后是不是计算机就不能开机呢？"

　　老师：　"你有一个认识错误，清除CMOS参数只是清除用户自己设置的参数值，比如日期、时间、用户密码等。清除后BIOS将加载出厂设定值，所以计算机仍能开机。"

　　小张：　"哦，我彻底明白了。我们现在就安装系统了吧？"

　　老师：　"在安装系统前还要'热身'，做好准备工作。"

任务6　启用SATA设备

　　现在市场上出售的硬盘大都是SATA接口的，IDE接口硬盘已经停产。但主板考虑到硬件的兼容性，仍然支持传统的IDE硬盘。如果花了钱买的是SATA硬盘，主板却工作在IDE模式上，多冤啊！

操作指导

1）将光标移到"Integrated Peripherals（整合外围设备）"处按<Enter>键，进入"整合外围设备"画面，如图4-12所示。

2）在这个画面中，将光标移到"On-Chip SATA Mode"处，如果购买的硬盘的确是SATA硬盘，那么请将这个参数设为Enhanced，完成后按<ESC>键返回。

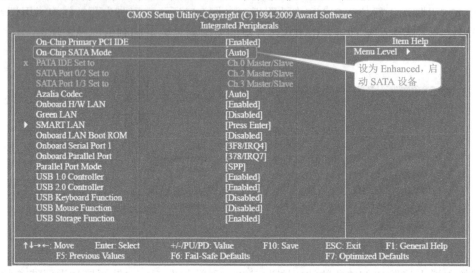

```
                    CMOS Setup Utility-Copyright (C) 1984-2009 Award Software
                                    Integrated Peripherals

   On-Chip Primary PCI IDE         [Enabled]                          Item Help
   On-Chip SATA Mode               [Auto]              Menu Level  ▶
 x PATA IDE Set to                 Ch.0 Master/Slave
   SATA Port 0/2 Set to            Ch.2 Master/Slave       设为 Enhanced，启
   SATA Port 1/3 Set to            Ch.3 Master/Slave       动 SATA 设备
   Azalia Codec                    [Auto]
   Onboard H/W LAN                 [Enabled]
   Green LAN                       [Disabled]
 ▶ SMART LAN                       [Press Enter]
   Onboard LAN Boot ROM            [Disabled]
   Onboard Serial Port 1           [3F8/IRQ4]
   Onboard Parallel Port           [378/IRQ7]
   Parallel Port Mode              [SPP]
   USB 1.0 Controller              [Enabled]
   USB 2.0 Controller              [Enabled]
   USB Keyboard Function           [Disabled]
   USB Mouse Function              [Disabled]
   USB Storage Function            [Enabled]

 ↑↓→←: Move    Enter: Select    +/-/PU/PD: Value    F10: Save    ESC: Exit    F1: General Help
        F5: Previous Values     F6: Fail-Safe Defaults    F7: Optimized Defaults
```

图   4-12

小知识 ★★

该选项可为Disabled、Auto、Combined、Enhanced、Non-Combined五个值。如果设为Disabled则将关闭SATA接口。设为Auto将由BIOS侦测系统安装的SATA设备。设为Combined则将SATA设备模拟成PATA设备运行。设为Enhanced将只在SATA模式下工作。

任务7 调整启动顺序

计算机开机时，会从硬盘开始引导进入操作系统。但如果硬盘还没有安装操作系统，情形就不一样了。

原来BIOS在将控制系统权交给操作系统之前，总会检查所连接的外存储设备上是否具有启动文件。如果都有，则要决定从哪个设备上启动，因此，用户可以设置启动顺序。

如果是全新系统安装，则需要先从光盘中读取安装文件到硬盘中，因此，必须将光盘设为第一启动盘。

操作指导

1）将光标移到"Advanced BIOS Features（进阶BIOS功能设定）"处按<Enter>键，进入

"进阶BIOS功能设定"画面，如图4-13所示。

2）在这个画面中，将光标移到"First Boot Device（第一开机设备）"处，设定值为"CDROM（光驱）"。将光标移到"Second Boot Device（第二开机设备）"处，设定值为"Hard Disk（硬盘）"。完成后按<ESC>键返回。

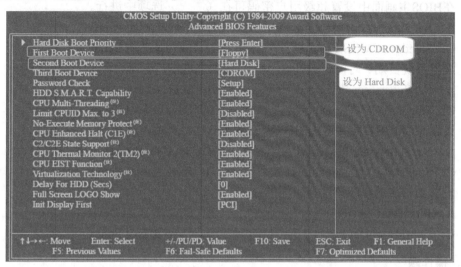

图 4-13

 项目拓展

实际上，许多计算机高手都喜欢在多个硬盘中安装多个操作系统，比如，在SATA0硬盘中安装Windows XP，在SATA1硬盘中安装Windows 7，平时只用Windows XP，自然将"First Boot Device（第一开机设备）"设为SATA0。而如果想体验一下Windows7，就要从SATA1中启动，自然将"First Boot Device（第一开机设备）"设为SATA1了。

 质量评价

项目或任务	完成情况		
能熟练地设置开机密码	□好	□一般	□差
知道清除BIOS密码的方法	□好	□一般	□差
能熟练地将光盘设为第一启动盘	□好	□一般	□差

思考与练习

一、填空题

1. BIOS是_____的简写。
2. 目前出品BIOS的厂商有_____、_____和_____。

3. 一般在＿＿＿＿＿、＿＿＿＿＿、＿＿＿＿＿和＿＿＿＿＿的情况下需要进行CMOS参数设置。

二、单项选择题

1. 在BIOS主画面中设置超级用户密码可在（　　）选项中进行。
   A. Set Supervisor Password
   B. Set User Password
   C. Standard CMOS Features
   D. Save & Exit Setup
2. 设置系统日期、时间一般在（　　）选项中进行。
   A. Set Supervisor Password
   B. Set User Password
   C. Standard CMOS Features
   D. Save & Exit Setup
3. 设置完CMOS参数并退出BIOS应该在（　　）选项中进行。
   A. Set Supervisor Password
   B. Set User Password
   C. Standard CMOS Features
   D. Save & Exit Setup
4. 设置第一启动盘应该选择下面的（　　）。
   A. First Boot Device
   B. Second Boot Device
   C. Third Boot Device
   D. Save & Exit Setup

三、操作题

1. 为了杜绝U盘带来病毒，需要将计算机的USB接口屏蔽，请在BIOS中进行设置。
2. 计算机正常启动时，需要从硬盘开始，请在BIOS中进行设置。

第5章 硬盘分区及格式化

小张: "前面我已经做好了安装系统的准备工作,我的新硬盘也能识别出来了,现在可以安装Windows了吧?"

老师: "经过BIOS基本设置,虽然硬盘能正确识别,但要存储数据还必须分区和格式化。"

小张(疑惑): "老师,为什么要这么麻烦?"

老师: "硬盘就像个大柜子,如果把所有东西一股脑儿全塞进去后则会很不好找需要的东西,分区、格式化相当于把大柜子分成若干个抽屉,这样东西分门别类摆放,也便于寻找。"

小张(恍然大悟状): "哦,原来是这样啊。"

本章导读

把硬件组装到一起只是系统安装的第一步。正确的CMOS参数设置只是为计算机系统正常工作提供了可能性和必要条件。一个成熟的计算机用户还要提出硬盘空间的使用要求。

分区魔法师PQMAGIC在新硬盘分区中被广泛用到。这是电脑城工作人员经常使用的工具。因此,本章专门设置了一个活动,让那些英文基础不好的初学者,也能熟练进行新硬盘的分区和格式化操作。

项目1 制订硬盘的分区方案

学习目标

学会合理规划硬盘空间。

项目任务

根据不同的使用要求,制定不同的分区策略。

项目分析

随着技术的发展,硬盘容量正在以惊人的速度提升。不久前100GB的硬盘还被称作海量硬盘,可如今320GB硬盘也已经司空见惯,500GB、1TB(1TB=1024GB)、1.5TB,甚至2TB

的超大容量硬盘逐渐步入寻常百姓家。如何给大硬盘分区就成了一个不可小视的问题。

小张（有些满不在乎地）："老师，分区有那么重要吗？"

老师："你可能认识不到，但很多老用户都有过丢失数据的'惨痛教训'。很多笔记本电脑出厂时就只有一个分驱（C盘），操作系统和用户数据被迫放在一个分区。一旦出问题，就需要格式化分区，用户自己的数据就全部丢失了。硬盘号称是'白菜价'，1GB容量才几毛钱，但用户数据却是无法估价的。"

听了老师的"忠告"，小张有些后怕，心里想，这种'惨痛教训'决不能在自己身上重现。

任务1 确定分区个数及大小

 操作指导

通常在装机时会遇到两种情况：品牌机通常只把硬盘分成两个区甚至不分区；而兼容机一般按照硬盘容量平均分三个区或四个区。虽然"萝卜白菜，各有所爱"，想怎么分都可以，可分区方案是否科学、适用，就要把握以下这些基本原则了。

1．原则一：主分区好，其他分区才好

主分区是存放操作系统的，必须有足够的空间才能保证系统稳定运行，充分发挥计算机的总体性能。系统盘的读写比较多，产生错误和碎片的几率也较大，扫描磁盘和整理碎片是日常工作，如果C盘容量过大会使这两项工作花费太多时间。一般新硬盘安装"裸"的Windows XP Profession后占用2.5GB左右空间，安装"裸"的Windows Server 2003后占用3.2GB左右空间，而安装32位版本的Windows 7则需要16GB空间。考虑到安装应用软件后，许多系统文件及公用文件仍要放在主分区，所以给主分区留下18～25GB是比较合适的。

2．原则二：逻辑分区，应用为上

大量的程序、用户资料（如文档、图片）、网上下载的文件（如音乐、电影）、系统的备份（如GHOST镜像文件、系统驱动程序等）存放在逻辑分区，一般4、5个就够了。这里给出一个320GB硬盘逻辑分区的参考方案，见表5-1。

表5-1 逻辑分区方案表

功能	容量	分区格式	备注
D盘-程序分区	100GB	NTFS格式	安装各类软件
E盘-资料分区	30GB	NTFS格式	存放个人资料
F盘-娱乐分区	100GB	NTFS格式	存放影音文件
G盘-备份分区	20GB	NTFS格式	系统备份
H盘-交换分区	余下容量	NTFS格式	BT下载文件用

对逻辑分区的分区方案，要根据用户的应用需要制定，没有一个固定的标准。以下这几条口诀，对制定方案大有益处。那就是：

"分区格式要统一"

"系统、资料两分离"

"备份工作要做好"

"娱乐分区不能小"

"BT下载护硬盘"

听到老师念口诀，小张迅速掏出笔记本记录，但最后一条口诀，小张不知所云。

小张："老师，这个'BT下载护硬盘'，是什么意思呀？"

老师："呵呵，我准备好了你的提问。"

小张（笑）："……"

老师："一般下载大文件的首选工具就是BT和电驴这类软件，由于它门对磁盘的读写比较频繁，长期使用可能会对硬盘造成一定的损伤，严重时会造成坏道。给BT或者电驴工具在磁盘末尾保留一个分区使用起来更加方便和安全。"

小张："哦，原来是这样。"

任务2　确定分区文件系统格式

 操作指导

前已述及，分区文件系统格式分为3种，即FAT16、FAT32和NTFS。其中FAT16格式现在基本没人用了，而在FAT32和NTFS两种格式之间如何选择众说纷纭。

NTFS分区格式是安全性最高、可靠性最强的文件系统，支持高达2TB的分区，可以更安全、有效地管理磁盘空间。而FAT32受到文件大小限制（单个文件不能超过4GB），无法在硬盘上虚拟DVD光盘镜像，无法为文件夹和分区设置权限。比如，保存动辄数十GB大小的HDTV文件（HDTV，俗称高清视频，因其画质极高、极清晰而得名），由于单个文件容量庞大，通常超过4GB，FAT32格式根本存储不了。

但NTFS的兼容性问题一直以来令普通用户深感头痛。一旦分区出现问题，需要用启动工具盘来修复时，会发现根本无法识别分区。因为很多启动工具盘是Windows 98启动盘演变而来，都是基于FAT32的DOS工具盘。要识别NTFS分区，还要找专门的NTFS DOS工具盘。

因此，对初学者而言，如果不需要保存超大文件，那么选用FAT32分区是非常明智的选择。

所幸的是，一般用户可以在熟练掌握计算机技术后，利用Windows提供的Convert工具，把FAT32格式转换成NTFS格式。

小张："老师，能不能把NTFS格式转换成FAT32格式呢？"

老师（严肃地）："记住，不能的。要想回到FAT32，只有格式化一条路了。因此，在转换成NTFS格式前，请先找好NTFS DOS的工具盘，以防万一。"

小张（非常认真地）："我知道了。"

听罢老师的话，小张郑重地在笔记本上记下了这段话。

质量评价

项目或任务	完成情况		
熟知分区原则	□好	□一般	□差
熟知分区文件系统格式及各自的优点	□好	□一般	□差

项目2　应用PQMAGIC分区、格式化硬盘

学习目标

掌握用PQMAGIC进行硬盘分区和格式化的步骤。

项目任务

使用PQMAGIC实现新硬盘（8G）的分区和格式化。

项目准备

目前在国内装机领域，普遍采用PQMAGIC 8.0繁体中文版。

项目分析

　　分区魔术师软件PQMAGIC，全称Powerquest Partition Magic，业界简称PQ，最早由Powerquest公司研发，后被著名的赛门铁克Symantec公司收购（以下简称PQ）。它是一款非常优秀的磁盘分区管理软件，最大的特点是可以在不损失硬盘中已有数据的前提下重新分区、格式化，同时可以轻松实现分区的复制、移动、隐藏/重现、格式转换等操作。该软件分DOS和Windows两个版本，其中的DOS版本广泛适用于新硬盘的分区格式化操作，其优点是操作简便、快捷；而Windows版本非常适用于无损分区。

操作指导

　　软件启动后的界面如图5-1所示。
　　利用PQ进行硬盘分区操作的主要步骤如下。

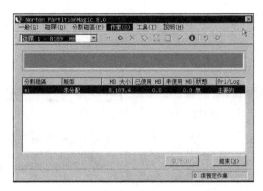

图 5-1

1. 创建主DOS分区——C盘

执行"作业"→"建立"命令，打开"建立分割磁区"对话框，按图中的编号进行设置，"主要分割磁区"即主DOS分区，格式为FAT32，分区容量为4 000.5MB，如图5-2所示。

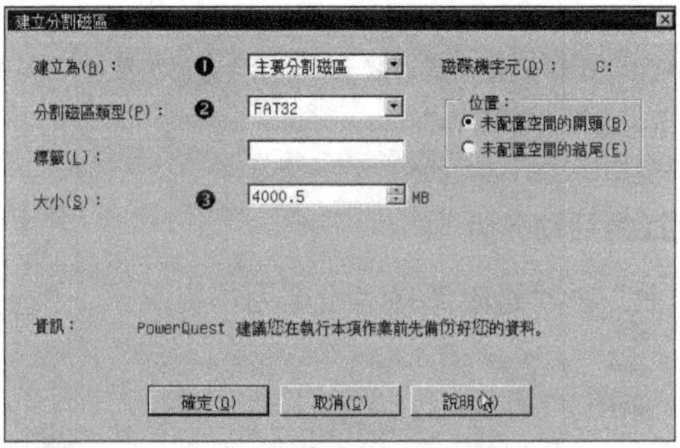

图 5-2

完成后单击"确定"按钮，此时界面中的"C："即主DOS分区，如图5-3所示。

图 5-3

2. 创建扩展分区及逻辑盘

选中"未分配"，执行"作业"→"建立"→"建立分割磁区"命令，在弹出的对话框中设置逻辑分割磁区即逻辑盘，分区类型为FAT32，分区容量为4 188.8MB（只建立一个逻辑分区），如图5-4所示。

创建好一个逻辑分区的结果如图5-5所示。

图 5-4

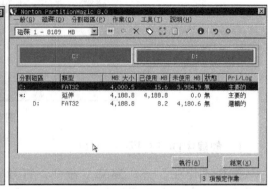

图 5-5

小张： "咦，这个可比FDISK简单多了，逻辑盘直接就创建出来了。"

老师： "对，因为逻辑盘只能在扩展分区内建立，所以PQ把扩展分区和逻辑盘的创建直接整合在一步操作内了，自然方便了。"

3. 将主DOS分区设置为活动分区

选中C盘，执行"作业"→"进阶"→"设定为作用"命令，如图5-6所示。

选定后弹出对话框，如图5-7所示。

单击"确定"按钮后，可看到第一行状态发生改变，如图5-8所示中间黑方框处。

图 5-6

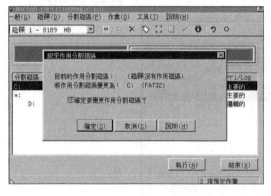

图 5-7

图 5-8

4. 格式化分区

先选中分区，执行"作业"→"格式化"命令，如图5-9所示。

计算机组装与维护实训教程

5．执行所有的分区操作

单击主界面图中的"执行"按钮，软件会弹出"执行变更"对话框，如图5-10所示。

图 5-9

图 5-10

单击"是（Y）"按钮，弹出对话框，重启计算机后分区操作就完成了，如图5-11所示。

图 5-11

小知识 ★★

注意，所有分区操作完成后必须单击"执行"按钮才能使操作生效，否则无效。

质量评价

项目或任务	完成情况		
掌握使用PQMAGIC进行分区的一般步骤	□好	□一般	□差
能用PQMAGIC激活主分区	□好	□一般	□差
能用PQMAGIC格式化主分区	□好	□一般	□差
知道怎样让PQMAGIC操作生效	□好	□一般	□差

相关知识与技能

一、认识分区类型

使用Windows操作系统的硬盘分区有主分区、扩展分区和逻辑分区三种类型。

主分区是最重要的区域，新硬盘安装操作系统必须要在主分区，盘符自动定义为C。

扩展分区必须在主分区建立后才能创建，最多一个。

扩展分区内可创建一个或多个逻辑分区，盘符从D到Z，最多23个。

分区之间的关系如图5-12所示。

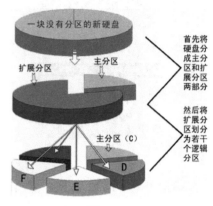

图 5-12

二、在Windows中查看硬盘

从一台已经安装好Windows操作系统的计算机上，可以查看硬盘分区信息。操作步骤如下。

打开"开始"菜单，执行"设置"→"控制面板"→"管理工具"→"计算机管理"命令，在"计算机管理"窗口中单击左侧的"磁盘管理"，在窗口右侧就能看到当前计算机的硬盘分区信息了，如图5-13所示。三种分区用不同的颜色来表示。

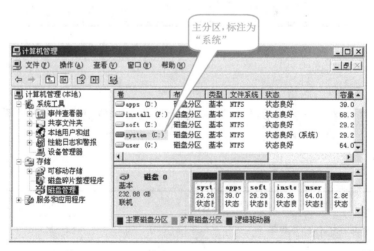

图 5-13

小张："咦，图里面容量后面为什么都有NTFS的字母呢？"

老师："嗯，你观察得好。这个就是分区的文件系统格式了。"

三、硬盘分区格式

硬盘分区的文件系统格式就是指分区的文件命名、存储和组织的总体结构。硬盘分区的文件系统格式也就是经常说的"磁盘格式"或"分区格式"。

只有分区的硬盘还不能存储数据，分区必须经过格式化。打个比方，在一张白纸上写字不太容易，但如果用尺子事先在白纸上打好"格子"，就好写多了。

而格式化前要先确定分区采用哪种文件系统格式。常用的文件系统格式主要有FAT16、FAT32和NTFS。

1．古老的FAT16

大部分计算机老手都是通过先认识它步入计算机殿堂的。一般把它称为16位文件分配表，利用FAT16管理分区最大只能到2GB（这个容量值在当时已经很大了），几乎所有的操作系统都支持这一种格式。但它的缺点是硬盘的实际利用率低，随着硬盘的物理容量日益增大，这种缺陷变得越来越明显。

> **小知识** ★★
>
> Windows文件存储以簇为单位，一个簇只分配给一个文件使用，不管这个文件占用整个簇容量的多少。这样，即使一个很小的文件也要占用一个簇，剩余的簇空间便全部闲置，造成磁盘空间的浪费。FAT16分区越大，造成的浪费也越大。即使文件只有1字节，存储时仍会占用32KB的硬盘空间，剩余的空间便全部闲置在那里，这样就导致了磁盘空间的极大浪费。

2．流行的FAT32

为克服FAT16的缺陷，微软推出了一种全新的磁盘分区格式，即FAT32。

FAT32将每个簇的大小由FAT16中的32KB降为4KB，从而大大减少了硬盘空间的浪费，提高了硬盘的利用效率。同时FAT32突破了FAT16对分区最大容量只有2GB的限制。在Windows 98盛行的时代这种分区格式广为流传。直到今天多数人的计算机里还普遍采用这种格式。

3．高级的NTFS格式

一般计算机用户对它会感到陌生，因为它最早是服务器操作系统Windows NT的分区格式。NTFS格式刚诞生时，由于软件兼容性不佳，早期的DOS甚至无法访问NTFS的分区，因此，普通用户都不常使用它。

但这种格式的安全性和稳定性极其出色，硬盘利用率更高，程序运行速度更快。同时通过对权限的严格管理，使用户只能按照系统赋予的权限进行操作，充分保证了网络系统与数据的安全。随着时代的发展，越来越多的计算机用户开始接触并逐渐习惯使用它了。

本书介绍的Windows XP操作系统就支持该种分区格式，而微软最新的Windows 7操作系统只能安装在这种格式的分区上。

一、单项选择题

1. 通常意义下的C盘属于（　　　）。
   A．系统分区　　　　B．扩展分区　　　　C．逻辑分区　　　　D．非DOS分区

2. 操作系统能安装的分区类型属于（　　　）。
   A．系统分区　　　　B．扩展分区　　　　C．逻辑分区　　　　D．非DOS分区

3. 下面哪个特点不是NTFS文件系统格式具备的？（　　　）
   A．安全性最高　　　　　　　　　　B．可靠性最强
   C．支持高达2TB的分区　　　　　　D．单个文件不能超过4GB

4. 用PQMAGIC软件对硬盘分区时，一般首先创建的是（　　　）。
   A．主要分割磁区　　　　　　　　　B．逻辑分割磁区
   C．以上都不对

5. 如果需要将某分区设置为活动分区，那么操作步骤是（　　　）。
   A．作业→设定为作业→进阶
   B．工具→进阶→设定为作用
   C．分割磁区→工具→设定为作用
   D．作业→进阶→设定为作用

6. 已经使用PQMAGIC软件分区的硬盘，必须要使用什么命令操作后才可以使用？（　　　）
   A．合并　　　　B．设为作用　　　　C．格式化　　　　D．调整大小/移动

二、简答题

1. 详细说明使用PQMAGIC软件分区的步骤。

2. 在Windows环境下能格式化所有硬盘分区吗？

第6章 安装软件

在前面的活动中，小张和老师一起设置了CMOS参数，进行了硬盘的规划，万事俱备，只欠安装软件了。

小张： "老师，现在是不是该安装Windows了呢？"

老师： "呵呵，看把你急的，现在可以安装了。安装以前先了解一下都有哪些安装类型。"

小张： "安装类型？"

老师： "计算机管理人员在日常的工作中，会依据不同的情况，选择相应的安装类型。"

小张听到这里，不由得瞪大了眼睛……

 本章导读

安装软件是计算机维护人员的常规工作。如果是安装一款新操作系统，那么安装操作系统和硬件驱动程序都比较耗时间。全新的操作系统安装比较简单，在安装过程中，只需要按照提示，单击"下一步"按钮即可。本章的项目1就是全新安装。

为了让操作系统识别硬件，就要安装硬件驱动程序。为了节省驱动程序安装时间，就必须了解几种常用的安装方式，比如，刷新安装、安装向导、自动安装等，它们各有各的运用场合。此外，为了让系统在硬件上正常工作，掌握硬件驱动安装步骤也是相当重要的。本章以Windows XP "设备管理器"中所见所感为线索，设计了几个任务，分别要求学生掌握主板驱动、DirectX软件、显卡驱动和声卡驱动程序的安装步骤，查看安装前后的效果。

主板和插卡驱动程序安装完毕，系统可以正常工作了。接下来安装常用办公软件和安全软件就更容易了。

项目1 安装Windows XP Professional

 项目任务

全新安装Windows XP Professional到计算机的硬盘中。

 项目分析

虽然Microsoft在Windows XP之后先后推出了Windows Server 2003、Windows Vista、Windows Server 2008和Windows 7等系列软件，但Windows Server一般适用于服务器应用场合；Windows Vista和最新的Windows 7在视觉性能方面有了大幅度的提升，但软件

和硬件的兼容性是一个不容回避的问题。相反，众多成熟用户还是倾向于安装Windows XP Professional。

其实不管哪种系统，都分成以下几种情况。

1）新购计算机，硬盘分区和格式化后安装操作系统，称为全新安装。

2）为了修复系统问题，在原来的安装目录下重新安装操作系统，称为修复安装或覆盖安装。

3）为了使用新的操作系统，在原来的系统上安装操作系统，称为升级安装。比如，Windows 98升级安装到Windows XP。

 项目准备

1）准备好Windows XP Professional简体中文版安装光盘，并检查光驱是否支持自启动。

2）在CMOS参数设置中，确保CD-ROM为第一启动盘。

3）检查分区空间大小是否足够。一般安装Windows XP后会占用2.5～3GB的空间。

4）在可能的情况下，在运行安装程序前用磁盘扫描程序扫描所有硬盘，检查硬盘错误并进行修复，否则，安装程序运行时如检查到有硬盘错误则会很麻烦。

5）用纸张记录安装文件的产品密钥（安装序列号）。

> **小知识** ★★
>
> 如果是覆盖安装或者升级安装，那么在可能的情况下，用驱动程序备份工具（如驱动精灵）将原Windows XP下的所有驱动程序备份到硬盘上的D、E盘上。最好能记下主板、网卡、显卡等主要硬件的型号及生产厂家，预先下载驱动程序备用。
>
> 在安装的过程中为了安全起见，请先备份C盘下有用的数据。

 操作指导

> 老师："小张，考考你，在前面CMOS参数的设置中为什么要让CD-ROM成为第一启动盘呢？"
>
> 小张："这台新装的计算机刚刚格式化，硬盘还是空的，自然不能启动。而光盘中有安装文件包，可以引导进行安装。"
>
> 老师："嗯，你理解得非常正确。"

1）所有准备工作做完后，启动计算机，将购买的Windows XP系统安装光盘放入光驱，大约过几秒钟，出现如图6-1所示的画面。按任意键就从光驱开始启动。

2）光盘自启动后，如果没有意外，则会出现如图6-2所示的画面。直接按<Enter>键，开始安装Windows XP。

3）紧接着出现的是"Windows XP许可协议"，直接按<F8>键进行下一步安装，如图6-3所示。

4）用方向键选择系统文件所在的分区，一般默认为C盘，如图6-4所示。

一定记得按键盘上的任意键，
否则不会自动安装

图 6-1

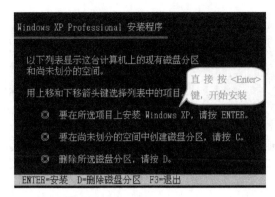

直接按 <Enter>
键，开始安装

图 6-2

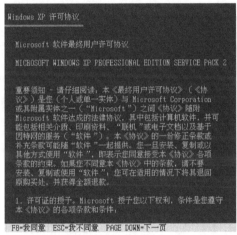

图 6-3

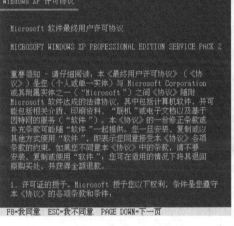

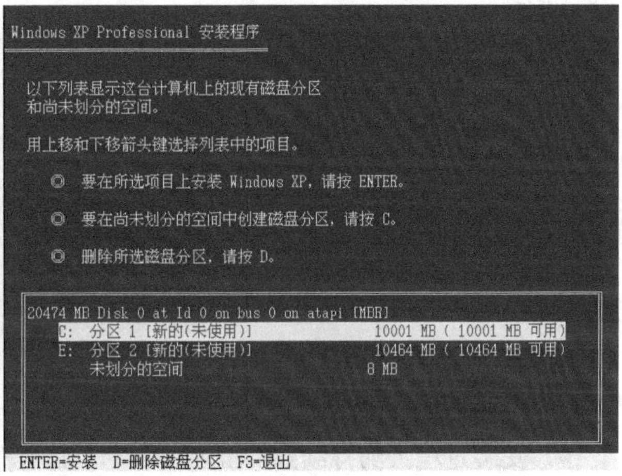

图 6-4

5）安装程序将用FAT32或NTFS磁盘格式来格式化指定的分区。一般选择FAT32格式，为了安全起见可以选择NTFS格式，如图6-5所示。

6）格式化指定分区，按<F>键进入下一步，如图6-6所示。

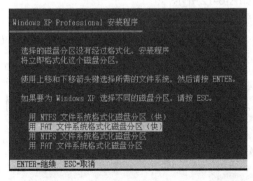

图 6-5

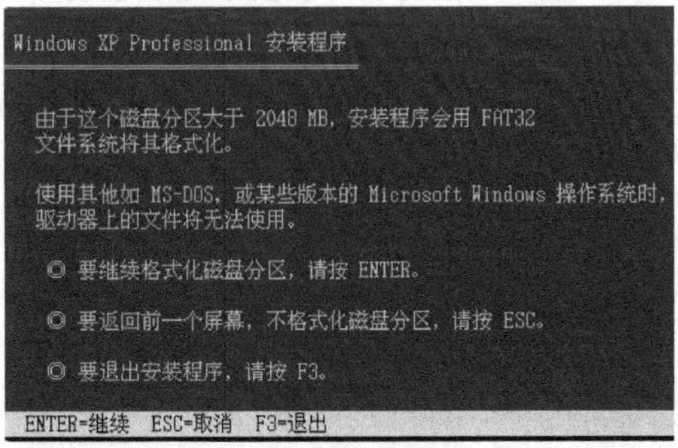

图 6-6

7）安装程序格式化过程，根据系统情况，耗时3～5min不等。格式化完毕，进入下一步，如图6-7所示。从光驱复制安装文件到C盘的临时目录。这个过程比较漫长，主要与光驱的读盘速度和内存大小有关，如图6-8所示。

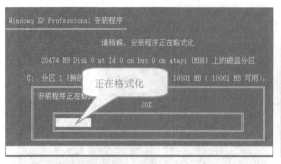

图 6-7   图 6-8

8）文件复制完毕，进行具体安装。屏幕上出现关于Windows XP的众多新特性，如图6-9所示。

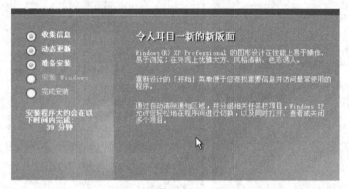

图 6-9

9）安装过程大约持续到35min的时候，出现"区域和语言选项"设置，由于用的是中文版，不需要作任何修改，直接单击"下一步"按钮继续，如图6-10所示。

10）在出现的"自定义软件"对话框中，输入用户的姓名和单位。在以后安装其他软件时，凡是需要用户名和单位的地方，都会自动搜索这个对话框中输入的信息，免去用户重复输入的麻烦。单击"下一步"按钮继续，如图6-11所示。

11）输入产品密钥，它位于光盘包装盒上，如图6-12所示。

接下来输入计算机名，如果不输入，则安装程序就将生成一个随机的代号，非常不便于识别。系统管理员密码是本机的最高管理者，它可以创建使用本机的其他用户，如图6-13所示。

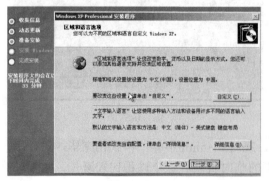

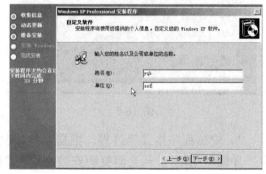

图 6-10   图 6-11

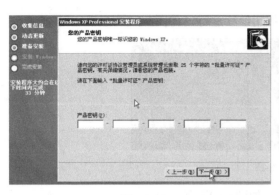

图 6-12

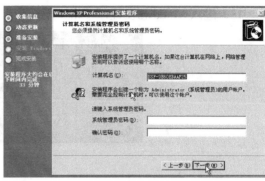

图 6-13

Windows XP是典型的多用户操作系统，不同时间允许多个用户在各自的权限范围内使用计算机。

12）接下来配置时间和时区选项，如果安装的是中文简体版，则一般不需要手动修改，如图6-14所示。

13）开始安装网络。

14）接下来是网络设置选项，无需更改，单击"下一步"按钮继续。

15）装成单机版时默认为工作组，单击"下一步"按钮继续，如图6-15所示。

图 6-14

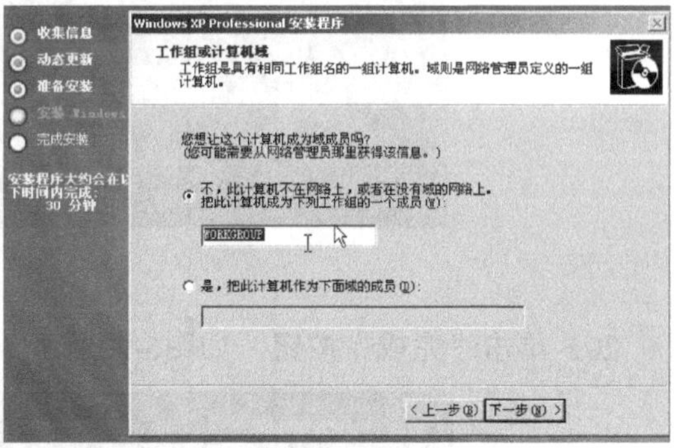

图 6-15

16）正在完成安装，如图6-16所示。

17）安装程序完成后将自动重启，如图6-17所示。

图 6-16

图 6-17

18）进入Windows设置，单击"下一步"按钮继续进行，如图6-18所示。

图 6-18

19）设置计算机的账户，此时也可以跳过，如图6-19所示。

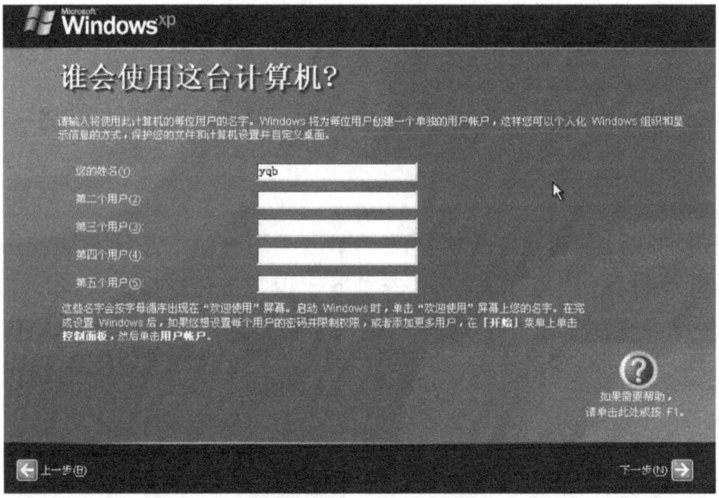

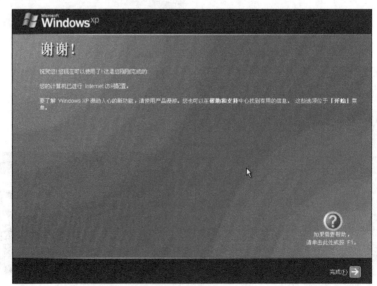

图 6-19

20）单击"完成"按钮，如图6-20所示。

图 6-20

21）安装程序完成后，系统进入桌面，安装完成，如图6-21所示。

图　6-21

 质量评价

项目或任务	完成情况		
了解安装类型及其应用场合	□好	□一般	□差
安装前检查启动选项	□好	□一般	□差
安装后进入了桌面	□好	□一般	□差

项目2　安装设备驱动程序

小张：　"老师，现在操作系统已经安装上了，为什么启动时没有声音，而且屏幕看起来一点也
　　　　不舒服，不是真彩的。"

老师：　"呵呵，你说的对。操作系统虽然装上了，但计算机的好多硬件都不能正常工作，操作
　　　　系统对有些硬件还不能识别，这就要安装驱动程序了。"

小张：　"什么是驱动程序？"

老师：　"操作系统虽然已经在安装包里集成了市面上大多数的硬件信息，但它也不能识别所有
　　　　硬件的信息。因此，硬件出厂时，都带有一个'桥梁'，并借此与操作系统正确通信。
　　　　这个'桥梁'就是驱动程序。"

　　驱动程序是操作系统与硬件设备的接口，操作系统通过它识别硬件，硬件按照操作系统的指令进行具体的操作。比如，打印机打印一篇文档，先由操作系统发出一串命令给打印机驱动程序，然后驱动程序将这串命令转化成打印机能够"明白"的语言，由打印机采取动作来打印这篇文档。

学习目标

掌握安装驱动程序的步骤，掌握主板、显卡、声卡以及DirectX驱动的方法。

项目任务

在新安装操作系统后，接着安装主板驱动、显卡驱动、声卡驱动以及DirectX驱动。

项目分析

Windows安装包在制作时，集成了主流的硬件设备驱动程序，用户不用操心，系统就已经安装好硬件驱动程序了。只要一接好硬件，系统立即就能识别并驱动该设备工作，这种技术叫"即插即用"，常被简称为PnP技术，英文名为Plug and Play。

但有些硬件比较新，晚于操作系统面市，或者硬件本身不是主流产品，它不能够被操作系统自动识别，此时就需要计算机管理人员手工将硬件驱动程序安装到机器里。

安装驱动程序的次序如下。

1）给系统打上补丁。操作系统在出厂时，没有修正的错误、漏洞、兼容性问题等，都可在补丁中解决。

2）安装主板驱动程序。主板驱动主要用来开启主板芯片组内置功能及特性，达到优化性能的目的。

3）安装DirectX驱动程序。它是微软公司开发的用途广泛的API，它提供了一整套的多媒体接口方案。DirectX由显示、声音、输入和网络四大部分组成。显示部分又分成Direct Draw（用于2D加速）、Direct 3D（用于3D加速）。因为其在3D图形方面的优秀表现，让它在其他方面显得暗淡无光，所以计算机用户常将DX和显卡扯到一起。DirectX从开发1.0开始，现已经达到DirectX 10了。

4）安装DirectX驱动程序后，可让操作系统最大限度地支持计算机在显示、声音、输入和网络四大部分的综合性能。

5）安装板卡驱动程序。

6）安装外设驱动程序。

任务1　安装主板驱动程序

因为目前硬件更新换代的速度远远快于操作系统更新的速度，所以在使用新主板的时候通常会带来一系列的兼容问题。如很多主板芯片组无法被操作系统正确识别，这直接造成了本来能够支持的新技术不能正常使用以及兼容性问题大量出现。在这种情况下，各大芯片厂商提供了相关的主板驱动程序，以配合操作系统使用。其作用有两点：一是让操作系统正确识别新款芯片组并使之充分应用，二是让操作系统支持新款芯片组所支持的新技术。

主板驱动程序不仅解决了硬件与软件的兼容性问题，同时在一定程度上对系统整体或子系统的性能进行了优化。一块主板的性能发挥如何，与它的驱动程序完善程度有极大关系。

任务准备

目前，主板芯片组主要有Intel、NVIDIA、VIA和ATI等几家，它们都有各自的主板驱动程序。因此，在安装主板驱动程序前，首先要确定当前主板所使用的芯片组品牌和型号。如果主板的包装盒、说明书还在，则可以通过查看它们从而获知主板信息。

如果已经购买了一款主板，则会附带一个光盘，里面包含主板驱动程序。

操作指导

以技嘉主板GA-EP41-UD3L为例，它采用的主板芯片组Intel G45。Intel的主板驱动程序叫做Intel Chipset Software Installation Utility，支持Windows 9x/Me/2000/XP等操作系统。通过主板驱动程序，可以让操作系统正确识别Intel的各种型号的芯片组。

首先打开购买主板时附带的光盘，找到主板驱动程序所在的目录，双击安装文件Setup.exe即可运行。在出现的欢迎对话框中，单击"下一步"按钮继续安装，如图6-22所示。

在安装完成后需要重启计算机。

重新启动计算机后，在"我的电脑"处单击鼠标右键，在弹出的快捷菜单中选择"属性"命令，打开"系统特性"对话框。单击"硬件"选项卡，然后单击"设备管理器"按钮，打开相应的对话框。在"设备管理器"中可以检查驱动程序安装成功与否，单击"IDE ATA/ATAPI控制器"选项，如果看到"Intel(R) 82801DB……"，即表示安装成功，如图6-23所示。

图 6-22

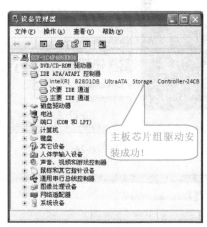

图 6-23

任务2 安装DirectX工具

DirectX俗称为DX，是Windows操作系统的一种扩展功能，微软定义为"硬件设备无关性"。通过它可以增强计算机的多媒体功能，比如，3D图形的显示能力、增强声音处理能力等，目的是使基于Windows的应用程序能够高效实时地访问计算机的某些硬件资源，比如，内存、声卡、显卡等，从而使Windows成为一个功能强大的游戏、多媒体平台。安装过程将更改核心组件和操作系统中大量的注册信息，因此，安装后不要轻易删除（卸载）DirectX 9.0c运行系统。

任务准备

将下载的DirectX 9.0c解压缩至任意目录（如C:\temp\DX9），运行该目录中的DXSetup.exe开始安装。

操作指导

下面是安装DirectX 9.0c的过程，如图6-24～图6-27所示。

> **小知识** ⭐⭐
>
> 最终用户需要安装DirectX End-User Runtime，才能让应用了新技术特征的程序顺利执行，多数新开发的游戏需要该安装包的支持。因此，强烈推荐更新，可以避免某些新程序无法运行。

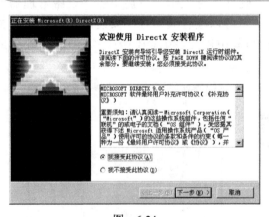

图 6-24

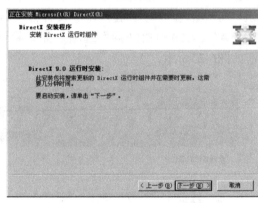

图 6-25

图 6-26

图 6-27

任务3　安装显卡驱动程序

任务准备

如果购买的是一款集成主板，则附带光盘中可以找到显卡芯片的驱动程序。并且这样的光盘一般已经制作好了所有驱动安装的程序包，用户只需要在界面上单击，就会把全部驱动程序安装完毕。如果是独立显卡，则需打开显卡附带的光盘，找到驱动程序。

操作指导

以安装ATI"镭"系列HD3400显卡为例，找到安装目录下的Setup.exe，双击运行启动安装向导。在"许可协议"对话框上单击"是"按钮进入"选择组件"对话框，选择"快速安装"后开始复制文件。如图6-28～图6-32所示为安装过程，安装完毕后，要求重新启动系统，新安装的显卡驱动程序才能生效。

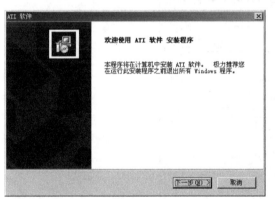

图　6-28

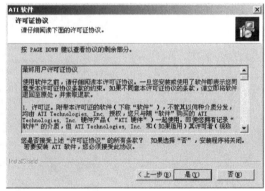

图　6-29

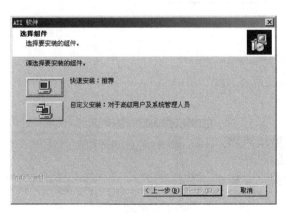

图　6-30

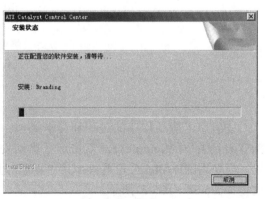

图　6-31

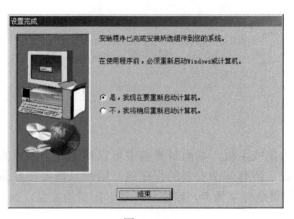

图 6-32

安装好显卡驱动程序后，在桌面空白处单击鼠标右键，在弹出的快捷菜单中选择"属性"命令，打开"显示属性"对话框，在"设置"选项卡中单击"高级"按钮，打开"监视器和属性"对话框，选择"适配器"选项卡，如图6-33所示，可以看到适配器类型、芯片类型、DAC类型和内存大小等信息。

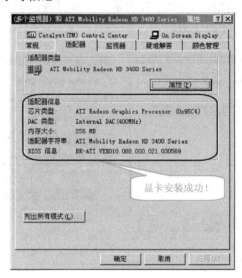

图 6-33

任务4 安装声卡驱动程序

操作指导

安装声卡驱动程序的过程和显卡类似，也是要找到安装目录下的Setup.exe，双击运行启动安装向导。以广泛使用的Realtek公司兼容AC'97声卡为例。安装过程如图6-34～图6-37所示。

图 6-34

重新启动计算机，安装的声卡驱动程序已经生效。在"我的电脑"上单击鼠标右键，在弹出的快捷菜单中选择"属性"命令，打开"系统特性"对话框。单击"硬件"选项卡，然后单击"设备管理器"按钮，以打开相应的对话框。在"设备管理器"中，展开"声音、视频和游戏控制器"选项，将看到安装了"Realtek AC'97 Audio"声卡，表明声卡驱动程序安装成功，如图6-38所示。

图 6-35

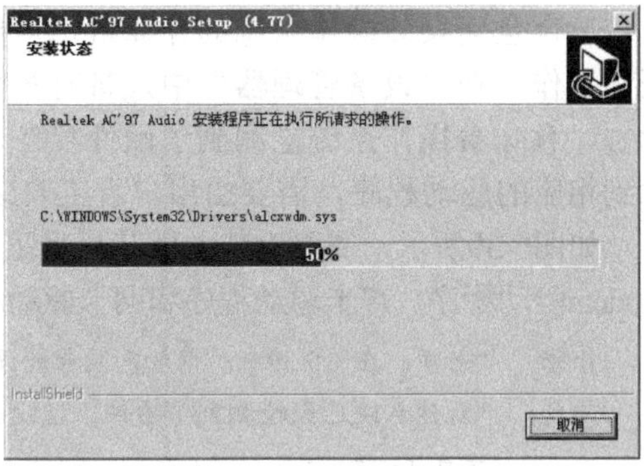

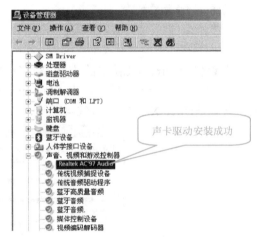

图 6-36

图 6-37

图 6-38

声卡驱动安装成功

小知识 ★★

在有些计算机的"设备管理器"中，有的设备前面有一个红色的惊叹号，或者其他符号。这表明还没有安装该设备的驱动程序，或者驱动程序与硬件不匹配，或者安装过程中出错了。

 质量评价

项目或任务	完成情况		
了解驱动程序安装的次序	□好	□一般	□差
掌握驱动程序安装的几种类型	□好	□一般	□差
会从"设备管理器"处查看安装的驱动程序	□好	□一般	□差

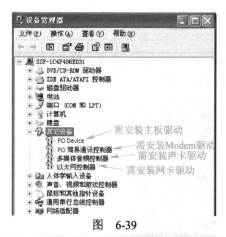

相关知识与技能

一、查看驱动程序安装前的设备管理器

一台全新安装操作系统的计算机，可能还不能正常工作。在"设备管理器"中，带有黄色问号的标志，意味着操作系统检测到了硬件存在，却未能找到相应的驱动程序，需要由用户手工安装。

如图6-39所示，需要安装主板芯片组驱动程序、Modem驱动程序、声卡驱动程序和网卡驱动程序。

图 6-39

小张："老师，在图6-39中，带黄色问号的设备驱动程序该怎么安装呢？"

老师："既然系统已经检测到了硬件。就没必要采用'添加硬件向导'和'运行安装程序'的方式了。"

小张："最好用'刷新安装'的方式。"

老师："非常正确。"

二、查看DirectX版本

查看自己DirectX版本的方法是执行"开始"→"运行"命令，在"运行"里输入"dxdiag"并按<Enter>键，弹出"DirectX诊断工具"窗口，会看到有很多系统信息，最下面一条就是DirectX版本，如图6-40所示。

图 6-40

DirectX提供了Windows平台多媒体运行的编程接口。DirectX的地位很高，玩流行的3D游戏少不了它。

三、显卡驱动程序安装前

Windows XP没有安装显卡驱动程序时，在桌面空白处单击鼠标右键，在弹出的快捷菜单中选择"属性"命令，打开"显示属性"对话框，在"设置"选项卡中单击"高级"按钮，打开"监视器和属性"对话框，选择"适配器"选项卡，如图6-41所示。

由于没有安装显卡驱动程序，操作系统不能识别显卡芯片类型、DAC类型和显存大小等信息。在"设备管理器"的"显示卡"项目下面，显示的是"默认监视器"。

而且，没有安装显卡驱动程序时，屏幕分辨率为600×480像素，颜色为256色。

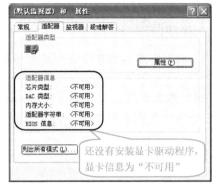

图　6-41

四、驱动程序的安装方法

1）自动安装。接上硬件设备，重启计算机，系统会发现新硬件，并自动搜索此硬件的驱动程序，需要手工指定驱动程序的存放路径。

2）运行安装程序。一般在硬件设备出厂时，会自带驱动程序光盘。只要运行光盘上的Setup.exe文件，即可在系统提示下安装。一般要求安装后重新启动计算机，从而使安装的新硬件真正起到作用。

3）刷新安装。对于Windows XP系统，执行"开始"→"控制面板"→"系统"命令，在"系统属性"对话框中单击"硬件"选项卡上的"设备管理器"按钮，如图6-42所示，从中选取要更新驱动程序的设备并单击鼠标右键，在弹出的快捷菜单中选择"更新驱动程序"命令，如图6-43所示。

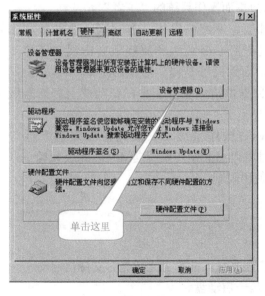

图　6-42

图　6-43

4）添加硬件向导。对于Windows XP系统，执行"开始"→"控制面板"→"添加硬件"命令，按照系统提示，自动检测或手工选取硬件类型进行安装。

项目3　安装和激活Windows 7

 项目任务

全新安装Windows 7操作系统。

激活Windows 7操作系统。

 项目分析

随着Windows 7操作系统的上市，人们对其已经逐渐有所了解，它更加丰富的功能以及个性化、人性化的全新体验，让众多计算机爱好者想要体验和分享。

据百度流量研究院统计，Windows 7操作系统的市场占有率从2010年11月的17.68%上升到2012年10月的24.19%，相反Windows XP操作系统的占有率逐月下降。在新销售的计算机中，OEM版的Windows 7操作系统已经成为标准配置。可以预计不久的将来，Windows 7操作系统将逐步代替Windows XP操作系统成为用户桌面操作系统的"王者"。

Windows7操作系统有入门版、家庭基础版、家庭高级版、专业版、企业版和旗舰版共6个版本。其中只有家庭基础版、家庭高级版、专业版和旗舰版会出现在零售市场上，而且家庭基础版仅供发展中国家和地区，而入门版是提供给OEM厂商预装在上网本上的，企业版则只通过批量授权软件保障项目提供给大企业客户，在功能上和旗舰版完全相同。

本项目安装的是32位旗舰版的Windows 7操作系统，安装光盘包装盒上标志为"Windows 7 Ultimate"。作为正版用户，及时将自己的操作系统向Microsoft公司验证，将会获得厂商额外的信息服务，并且取消30天的使用限制。

 项目准备

1）准备好Windows 7 Ultimate简体中文版安装光盘，并检查光驱是否支持自启动。

2）在CMOS参数设置中，确保CD-ROM为第一启动盘。

3）考察硬件配置是否足够。如果仅为了"尝鲜"，根据Microsoft公司的介绍，则其最低配置为1 GHz 32位或64位处理器、1 GB内存（基于32位）或2 GB内存（基于64位）、16 GB可用硬盘空间（基于32位）或20 GB可用硬盘空间（基于64位）、带有WDDM 1.0或更高版本的驱动程序的 DirectX 9图形设备。如果要求操作系统运行流畅，则建议采用2.4GHz以上的多核处理器、2GB内存、100GB硬盘分区剩余空间。

小知识

Windows 7操作系统专为多核处理器设计，32位版本的 Windows 7操作系统最多可支持 32 个处理器核，而64位版本的操作系统最多可支持256个处理器核。

 操作指导

小张："老师，为什么不能用4GB的内存呀？"

老师："不是不能用4GB的内存，目前，32位版本的Windows 7操作系统能识别4GB内存，但最多只能管理到3.3GB左右。如果要完全识别，则应该采用64位版本的Windows 7操作系统。"

小张："哦。"

1）所有准备工作做完后，启动计算机，将购买的32位版本的Windows 7 Ultimate系统安装光盘放入光驱，大约过几秒钟，出现如图6-44～图6-47所示的画面。

图　6-44

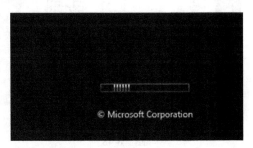

图　6-45

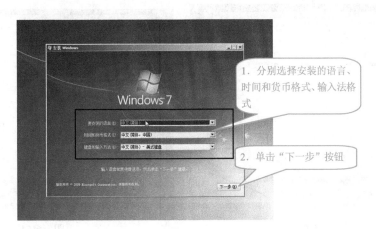

图　6-46

图 6-47

2）Windows 7操作系统的安装过程分两步：第一步，收集信息；第二步，安装Windows 7操作系统。收集信息的画面如图6-48～图6-56所示。

3）安装Windows 7的过程如图6-57所示，系统会反复重启动几次。配置Windows 7操作系统的过程如图6-57～图6-67所示。

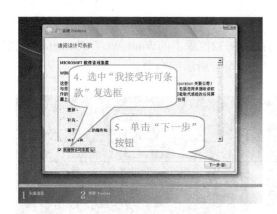

图 6-48

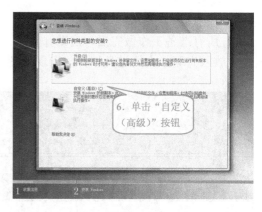

图 6-49

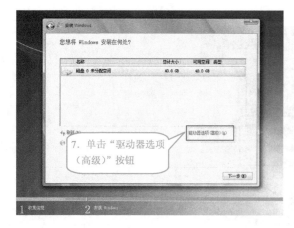

图 6-50

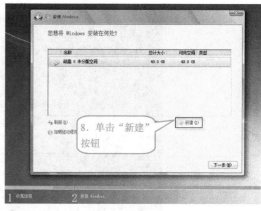

图 6-51

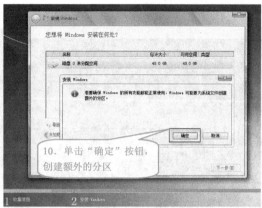

图 6-52   图 6-53

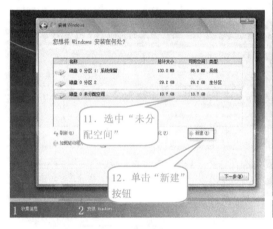

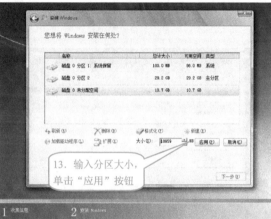

图 6-54   图 6-55

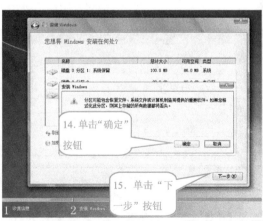

图 6-56   图 6-57

图 6-58

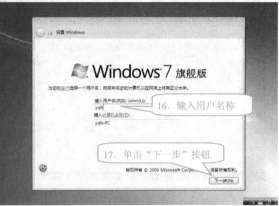

图 6-59

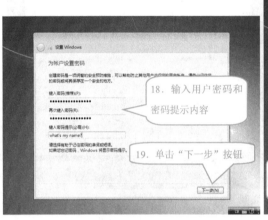

图 6-60

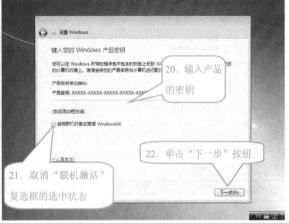

图 6-61

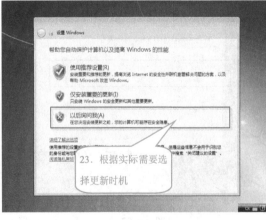

图 6-62

图 6-63

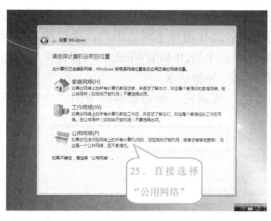

图 6-64

图 6-65

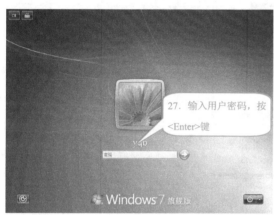

图 6-66

图 6-67

4）Windows 7操作系统安装完毕后，还需要进行正版验证，这个过程叫激活。否则，操作系统只能使用30天。激活之后，一旦厂商升级补丁发布后，操作系统将会自动更新，此外还将获得Microsoft公司额外的信息服务。执行"控制面板"→"系统和安全"→"系统"命令，查看本机是否激活，如图6-68所示为某用户的操作系统没有激活的状态。

图 6-68

Windows 7操作系统激活的方法共有3种：通过Windows直接联网进行激活法，它适合联网方便的用户；通过使用调制解调器进行激活法，它适合拨号上网的用户；通过拨打电话激活法，它适合上网不方便的用户。一般，品牌计算机中的OEM版Windows 7操作系统在出厂时已经做了这项工作，用户无需担心。这里介绍第一种激活法。

Windows 7操作系统安装光盘上贴有产品密钥，找到它。单击图6-68中的"立即激活Windows"超级链接。激活的过程如图6-69所示。

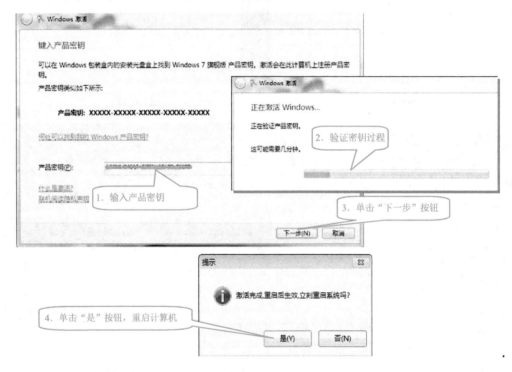

图　6-69

查看激活情况，如图6-70所示。

图　6-70

 质量评价

项目或任务	完成情况		
了解安装Windows 7操作系统所需的硬件条件	□好	□一般	□差
安装前检查启动选项	□好	□一般	□差
安装后进入桌面	□好	□一般	□差
掌握为保留分区分配盘符的步骤	□好	□一般	□差
掌握激活步骤	□好	□一般	□差

思考与练习

一、填空题

1. 为了安全起见，安装Windows XP时，可用_____分区格式。安装Windows 7旗舰版时，只能用_____分区格式。

2. 操作系统与硬件设备的接口是_____。

3. 只要一接好硬件，系统立即就能识别并驱动设备工作，这种技术叫_____。

4. Windows 7安装后，必须_____，才能解除使用时间的限制。

二、选择题

1. 没有安装显卡驱动程序时，屏幕分辨率一般为（　　）像素。

    A．640×480　　　B．800×600　　　C．1024×768　　　D．1200×800

2. 安装显卡驱动程序时，运行的文件可能是（　　）。

    A．Setup.exe　　　B．cmd.exe　　　C．fdisk.exe　　　D．pqmagic.exe

3. Windows XP操作系统中有未安装驱动的硬件时，在"设备管理器"里表现为（　　）。

    A．红叉号　　　　　　　　　　B．黄色的惊叹号

    C．黄色问号和黑色的惊叹号

4. Windows XP当网卡没安装驱动程序时，在"设备管理器"里显示为（　　）。

    A．PCI Device　　　　　　　　B．多媒体音频控制器

    C．以太网控制器　　　　　　　D．PCI简易通信控制器

5. 要更新硬件驱动程序，最好的方法是（　　）。

    A．自动安装　　　　　　　　　B．运行安装程序

    C．添加硬件向导　　　　　　　D．刷新安装

三、操作题

1. 请为Windows XP操作系统安装一款看图软件，要求安装在D盘。

2. 如果条件具备，那么请把Windows XP操作系统升级安装为Windows 7操作系统。

第7章 外设选购及安装

> 小张在老师的带领下，组装了一台计算机，安装好了操作系统和常用软件，也能正常使用了，但总觉得缺少点什么。
>
> 小张："老师，这台计算机不能刻录CD，也不能打印文档，更不能照相。是不是还要安装什么外设呀？"
>
> 老师："你说得对。我们现在要到电脑城去购买一些常用的外设回来。"
>
> 小张听到这里，高兴得跳了起来，想起上回去电脑城时，李工给他讲了很多硬件知识，觉得自己受益匪浅。

本章导读

外部设备是主机箱之外的输入/输出设备，它通过主板接口实现与主机通信。现代办公环境都要求配备打印机、扫描仪。在本章的项目活动中，将教会用户认识这两种设备的性能参数、品牌、购买策略和驱动安装方法。

数码摄像头是近年来上网用户必备"装备"，本章的项目活动不仅教会用户认识这种设备的性能参数、品牌、购买策略和驱动安装方法，而且还设计了一个活动，让用户亲身用购买的数码摄像头摄像和录制视频。

为了巩固硬件安装和驱动安装知识，在实战训练中，会让用户用安装好的扫描仪把自己的"靓照"做成数码图片，与好友分享成功的喜悦。最后，计算机工程师还总结了USB外设的安装规律。

项目1 选购及安装打印机

学习目标

了解打印机的常用性能参数，掌握打印机的选购方法、硬件安装及打印驱动程序的安装方法。

项目任务

选购一台具有USB接口的打印机，并把它接到计算机上，安装打印机驱动程序。

项目准备

上网查询（如www.it168.com）、查阅相关杂志（如《计算机硬件》《电脑爱好者》等），了解市场上的打印机信息。

 项目分析

　　打印机是计算机系统重要的文字和图形输出设备，使用打印机可以将需要的文字或图形从计算机中输出，显示在各种纸样上。打印机已经成为办公必备设备之一。

　　打印机从接口上来说以USB的安装最为方便，从打印速度上来说以喷墨打印最快。

任务1　选购打印机

　　李工：　"小张，如果你家里要买一台打印机，你要买哪种呢？"

　　小张：　"从成本上考虑，得买一台喷墨的，从接口上来说，要买一台USB接口的。"

　　李工：　"你的认识很正确。不过在购买前，还是要先了解打印机的一些技术指标。"

 操作指导

　　市场上的打印机主要有HP、EPSON和Canon等外资品牌。国产品牌以联想、紫光为主，购买时，只要认准这些大品牌，质量就有保证。

　　购买打印机时，除了品牌外，还要重点关注以下参数。

　　1）打印机分辨率（DPI）。又称为输出分辨率，指在打印输出时横向和纵向两个方向上每英寸最多能够打印的点数。它是衡量打印精度的主要标准之一，该值越大，表明打印机的打印精度越高。

> **小知识** ★★
>
> 　　针式打印机一般在180～360dot/in之间；喷墨打印机一般在720～1200dot/in之间；激光打印机一般在600～2400dot/in之间。

　　2）打印速度。激光打印机打印速度的衡量单位是p/min，即每分钟打印的张数。目前所有打印机厂商为用户所提供的标志速度都以它作为标准衡量单位，它指的是在使用A4幅面打印纸打印各色碳粉为5%覆盖率情况下引擎的打印速度。但影响打印速度的因素很多，有预热时间、接口传输速度、打印机内存、内置字体、控制命令的效率和内处理器等。

　　目前激光打印机按照输出汉字的速度来分，主要分为低速（小于10p/min）、中速（10～35p/min）、高速（35～80p/min）和超高速（大于80p/min）四档。一般来说，如果个人使用，则选择10p/min左右的激光打印机就可以了；小型工作组环境中，使用激光打印机的打印速度最好为12p/min以上；如果一台激光打印机共享的人数比较多，即用在30个人以上的工作组中，则应考虑购买打印速度在24p/min以上的激光打印机。

　　3）自动双面打印。双面打印就是指当打印机在纸张的一面完成打印后，再将纸张自动送至双面打印单元内，在其内部完成一次翻转重新送回进纸通道以完成另一面的打印工作。对于打印量较大的用户，在不增加任何投入的情况下，双面打印可以将纸张成本降低为原来的一半，而且对打印速度丝毫不会有影响。由于一切过程都是自动完成的，也基本杜绝了人工翻转纸张时可能出现的方向性错误，不过双面打印单元价格不菲，因此，双面打印主要还是针对有特殊用途的专业用户。

任务2　安装打印机硬件及驱动程序

尽管Windows XP可以支持很多种类的打印机，但并不是所有的打印机都能正确识别并驱动其工作，因此，还是要安装打印机厂商提供的驱动程序。

操作指导

以EPSON AL-C1000 Advanced激光打印机为例，安装过程如下。

1）打开包装，将购买打印机时附送的USB连接线一端插在计算机USB接口上，另一端插在打印机的USB接口上。

2）接上打印机电源，但不通电。

3）打开产品包装盒中的驱动光盘，插入光驱，找到并运行Setup.exe文件，如图7-1～图7-6所示是驱动程序安装过程图。

图　7-1

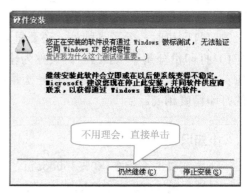

图　7-2

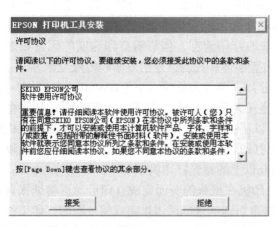

图　7-3

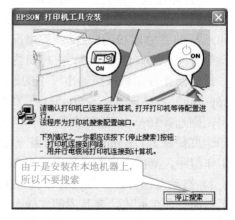

图　7-4

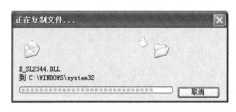

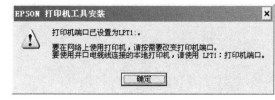

图 7-5　　　　　　　　　　　　　　　　　　图 7-6

安装好打印机驱动程序后，还要打印一张测试页，看安装是否成功。操作步骤如下。

1）接通打印机电源，在任务栏的状态区发现多了一个打印机图标。

2）执行"开始"→"设置"→"打印机和传真"命令，操作过程如图7-7和图7-8所示。

图　7-7

图　7-8

在图7-9和图7-10中，可以单击其他选项卡对打印机进行设置和维护。

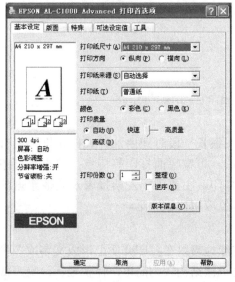

图　7-9

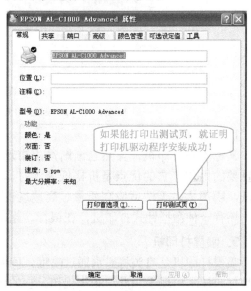

图　7-10

相关知识与技能

一、按打印机工作原理分类

按打印机工作原理，可分为针式打印机、喷墨打印机、激光打印机和热升华打印机等几种，如图7-11所示。

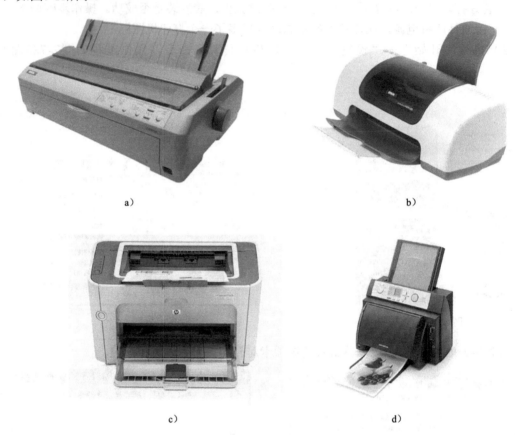

a）

b）

c）

d）

图　7-11

a）针式打印机　b）喷墨打印机　c）激光打印机　d）热升华打印机

1．针式打印机

又称点阵打印机。虽然它渐渐淡出市场，但在很长一段时间内，针式打印机都占有非常重要的地位。它的优点是价格低廉，打印成本低，可宽幅面打印等特点；缺点是打印质量低，噪声大，无法适应高质量、高速度的商用打印，主要用于发票报表及其他票据的打印。还有一种微型针式打印机，在银行、超市等单位应用比较广泛。

2．喷墨打印机

喷墨打印机是喷头将墨水通过喷嘴，间断或连续地喷射在打印介质上形成文字或图像。这种打印技术出现于20世纪80年代初。它的优点是机械结构较为简单，体积轻巧，噪声低，功耗小，打印质量高；缺点是耗材费用较高，无多层复写能力，而且喷嘴容易堵塞。在小型办公和家用环境下，喷墨打印机用得很多。

3．激光打印机

激光打印机是在静电复印机的技术基础上，结合激光技术和计算机技术，诞生出的半导体产品。它的优点是打印质量好，输出速度快，噪声极低，打印负荷量高，用途广泛；缺点是成本高，耗材价格高，不能多层复写，对打印介质的要求也比较高。

4．热升华打印机

热升华打印机主要是通过利用热能将颜料转印至打印介质上的设备。这种打印机的优点是输出具有连续色阶，在图像的逼真度和还原性上相当出色，印品保存久；缺点是购买价格和打印成本较高，打印速度慢，打印环境要求高。这种打印机主要用在照片级打印场合。

二、按打印机接口类型分类

按打印机与主机接口类型，可分为串行接口、并行接口、USB接口和网络接口等几种。用得最广泛的是并行接口打印机和USB接口打印机。

并行接口又简称为"并口"，是一种增强了的双向并行传输接口。主机箱背板25针D形插头就是并行接口，如图7-12所示。

它的优点是不需要在计算机中用其他的卡，不限制连接数目，设备的安装及使用容易，最高传输速度为1.5Mbit/s。缺点是并行传送的线路长度受到限制，因为长度增加，干扰就会增加，容易出错。

使用USB为打印机应用带来的变化则是速度的大幅度提升，USB接口如图7-13所示，提供了12Mbit/s的连接速度，相比并口速度提高约10倍，在这个速度下打印文件传输时间大大缩减。USB 2.0标准进一步将接口速度提高到480Mbit/s，是普通USB速度的40倍，更大幅度降低了打印文件的传输时间。

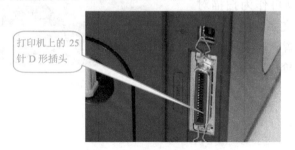
打印机上的25针D形插头

图 7-12

打印机上的USB接口

图 7-13

 质量评价

项目或任务	完成情况		
了解打印机的类型	□好	□一般	□差
了解打印机的主要技术参数	□好	□一般	□差
会安装打印机的驱动程序	□好	□一般	□差
会对打印机进行设置和维护	□好	□一般	□差

项目2　选购与安装扫描仪

学习目标

了解扫描仪的常用性能参数，掌握扫描仪的选购方法、硬件安装及驱动程序的安装方法。

项目任务

选购一台具有USB接口的扫描仪，并把它接到计算机上，安装其驱动程序。

项目准备

上网查询（如www.it168.com）、查阅相关杂志（如《计算机硬件》《电脑爱好者》等），了解市场上的扫描仪信息。

项目分析

扫描仪是一种计算机外部仪器设备，通过捕获图像将之转换成计算机可以显示、编辑、存储和输出的数字化输入设备，如图7-14所示。照片、文本页面、图样、美术图画、标牌面板、印制版样品等三维对象都可作为扫描对象，将其提取，或将原始的线条、图形、文字、照片、平面实物转换成可以编辑及加入文件中的装置。

对图形图像工作者而言，选择一款性价比高的扫描仪并不十分容易。

图　7-14

任务1　选购扫描仪

操作指导

选购扫描仪时，应重点关注以下性能参数。

1. 分辨率

分辨率是扫描仪最主要的技术指标，它表示扫描仪所记录图像的细致度，其单位为dot/in（Dots Per Inch），即每英寸长度上扫描图像所含有的像素点数。目前大多数扫描仪的分辨率在300～2400dot/in之间。dot/in数值越大，扫描的分辨率越高，扫描图像的品质就越高。

小知识 ★★

　　市场上所售扫描仪的分辨率并不都是其真实的分辨率（或称光学分辨率）。有的扫描仪通过软件插值运算法提高图像分辨率，例如，扫描仪的光学分辨率为300dot/in，则可以通过软件插值运算法将图像分辨率提高到600dot/in，插值分辨率所获得的细部资料要少些。尽管插值分辨率不如真实分辨率，但它却能大大降低扫描仪的价格，且对一些特定的工作，例如，扫描黑白图像或放大较小的原稿十分有用。

2．灰度级

　　灰度级表示图像的亮度层次范围。级数越多扫描仪图像亮度范围越大、层次越丰富，目前多数扫描仪的灰度为256级。

3．色彩数

　　色彩数表示彩色扫描仪所能产生颜色的范围。通常用表示每个像素点颜色的数据位数，即比特位（bit）来表示。真彩色图像指的是每个像素点由三个8bit的彩色通道即24位二进制数表示，红绿蓝通道结合可以产生2^{24}=16.67M（兆）种颜色的组合，色彩数越多扫描图像越鲜艳真实。

4．扫描速度

　　扫描速度有多种表示方法，因为扫描速度与分辨率、内存容量、软盘存取速度以及显示时间、图像大小有关，通常用指定的分辨率和图像尺寸下的扫描时间来表示。

5．扫描幅面

　　表示扫描图稿尺寸的大小，常见的有A4、A3和A2幅面等。

任务2　安装扫描仪硬件及驱动程序

 操作指导

　　目前扫描仪与计算机的接口主要有SCSI、EPP和USB三种。其中USB接口的扫描仪安装操作最为简单。这里以安装Microtek ScanMaker 3800为例，安装步骤如下。

　　1）打开产品包装盒中的驱动光盘，放入光驱，运行安装目录下的Setup.exe安装驱动程序。驱动程序安装完毕后，计算机要求重新启动，回答"是"。

　　2）重启完毕，再次用管理员身份登录，在扫描仪已经通电的情况下，将扫描仪后面的USB线插上。此时注意计算机的屏幕，操作系统将会发现一个新设备，并做系统的更新，通过几秒钟的搜寻，会认出对应的扫描仪，并提示进行数字签名，此时请单击"仍然继续"按钮，要求驱动程序继续安装，如图7-15所示。

　　3）安装完毕，在屏幕的右下角可以看到扫描仪的探测器，说明已经正常找到扫描仪了，如图7-16所示。

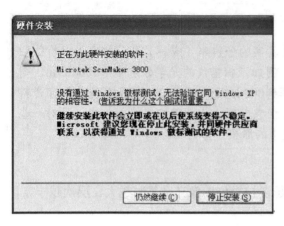

扫描仪探测器

| 图 7-15 | 图 7-16 |

小张："李工，在安装打印机和扫描仪时，都出现了'没有通过Windows徽标测试，无法验证它同Windows XP的相容性'，这是什么意思啊？"

李工："呵呵，你观察得挺仔细呀。徽标表明，产品可以稳定地运行在Windows XP之上。相关的软件和驱动程序可以被容易地安装或删除。不用管它的提示，选择"继续安装"。因为硬件厂商不可能每次将生成的驱动程序都到微软去申请测试兼容性，所以有许多新版本的驱动程序没有通过Windows的测试，一般没问题。"

小张："哎，吓我一跳呢。"

任务3　用扫描仪扫描照片

任务内容

1）正确安装扫描仪硬件（HP Scanjet 4070）。

2）在Windows XP系统下安装扫描仪驱动程序。

3）用安装好的扫描仪扫描一张照片。

项目准备

Windows XP实验用机，扫描仪及其附件，驱动程序，彩色照片一张。

操作指导

执行"开始"→"控制面板"→"扫描仪和照相机"命令，找到 HP Scanjet 4070 的图标并双击，打开"欢迎使用扫描仪和照相机向导"对话框。如图7-17～图7-24所示是操作过程图，图中蓝色是单击区域。

图 7-17

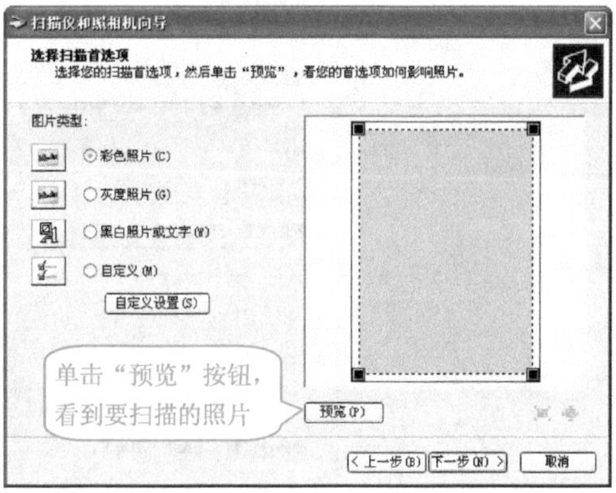

图 7-18

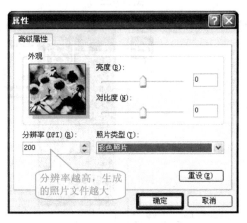

图 7-19

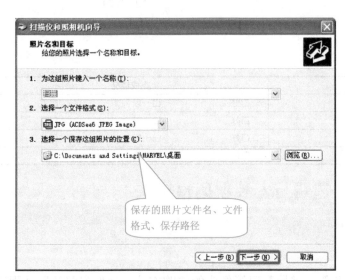

图 7-20

图 7-21

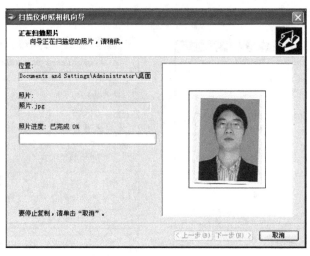

图 7-22

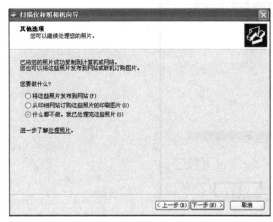

图 7-23

图 7-24

 质量评价

项目或任务	完成情况		
了解扫描仪的类型	□好	□一般	□差
了解扫描仪的主要技术参数	□好	□一般	□差
会安装扫描仪的驱动程序	□好	□一般	□差
会用扫描仪进行照片扫描	□好	□一般	□差

项目3 选购与安装数码摄像头

 学习目标

了解数码摄像头的常用性能参数,掌握数码摄像头的选购方法、硬件安装及驱动程序的安装方法。

项目任务

选购一台具有USB接口的数码摄像头，并把它接到计算机上，安装其驱动程序。

项目准备

上网查询（如www.it168.com）、查阅相关杂志（如《计算机硬件》《电脑爱好者》等），了解市场上的数码摄像头信息。

项目分析

现在几乎每台上网聊天的计算机都配备了数码摄像头，通过摄像头，可以进行网络视频，结合相应的网络聊天工具例如腾讯QQ、MSN等用于网络聊天。可以进行静态照片拍摄。还可以实时对现场进行拍摄，然后通过电缆（现在已经出现了无线传输的摄像头）连接到电视机或者计算机上，从而可以对现场进行实时监控。

图 7-25

目前市面上所有的数码摄像头均为USB接口，直接利用计算机USB接口的5V电源工作。外观做得卡通化，以适合网聊一族的特点，如图7-25所示。

数码摄像头价格便宜，市场品牌众多，质量参差不齐。要买到一款性价比合适的产品，并不十分容易。

任务1 选购数码摄像头

操作指导

用户在购买数码摄像头时，除了要注重品牌口碑之外，还应重点关注以下性能参数。

1）传感器。它是组成数码摄像头的重要组成部分，根据元件不同分为CCD和CMOS。CCD（Charge Coupled Device，电荷耦合元件）用在高端成像产品上。CMOS（Complementary Metal-Oxide Semiconductor，金属氧化物半导体元件）则应用于低端成像产品上，它的优点是制造成本较CCD更低，功耗也低得多，但CMOS对光源的要求要高一些。目前市售产品的传感器大都是CMOS类型。

2）传感器像素。它是衡量摄像头的一个重要指标之一。现在一般产品都在300万像素到500万像素。像素较高的摄像头其图像的品质虽然好，但图像文件尺寸大，对数据存储和传输的要求高。

　　市场上的摄像头所标注的像素通常不是其真正的值，比如，分辨率在1280×960的情况下，其总像素数为128万左右，但通过软件插值算法，可达到300万像素。因此，购买时一定要认准是真实像素还是插值像素。

　　3）色彩位数，又称彩色深度。它反映了摄像头能正确记录的色调有多少。色彩位数的值越高，就越可能更真实地还原亮部及暗部的细节。目前数码摄像头的色彩位数都达到了24位，可以生成真彩色的图像。而30位的色彩位数只在高端摄像头中才能看到。

　　4）视频捕获速度（FPS）。它是用户最为关心的功能之一，指每秒钟能捕获图像的帧数。

任务2　安装摄像头硬件及其驱动程序

操作指导

　　目前摄像头与计算机的接口大都是基于USB的，硬件安装非常容易。将摄像头附带光盘放入光驱中，将摄像头USB线头插到计算机上，系统将提示"发现新硬件"对话框。如图7-26～图7-29所示是Vimicro USB PC Camera数码摄像头驱动程序安装的过程图。

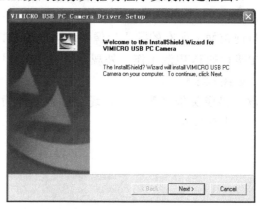

启动 InstallShield Wizard.

图　7-26

图　7-27

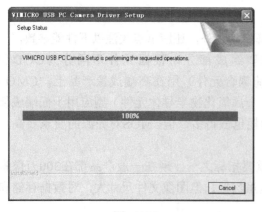

图　7-28

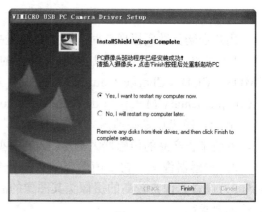

图　7-29

安装好摄像头后，在"设备管理器"里面可以查看到图像处理设备，如图7-30所示。

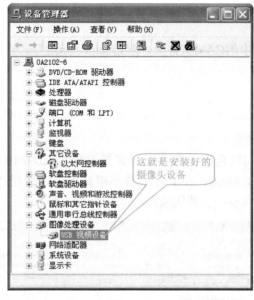

图　7-30

执行"开始"→"程序"→"VIMICRO USB PC Camera"→"AMCAP"命令，将打开摄像头应用程序，如图7-31所示。摄像头开始工作的情景如图7-32所示。

图　7-31

图　7-32

任务3　使用数码摄像头抓图和录制视频

任务内容

尝试用安装好的数码摄像头拍照和录制视频。

任务准备

请打开本书配套光盘中的CAM文件夹，双击camsetup运行。

操作指导

1. 设置摄像头视频格式

一般摄像头在RGB 24位色深的条件下，其最大分辨率为640×480，所得图像尺寸理论上为640×480×24/8=921 600B。在其他分辨率模式下，图像尺寸显著缩小。如图7-33和图7-34所示为调整分辨率大小和色调构成。

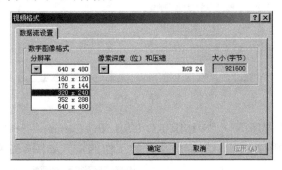

图 7-33

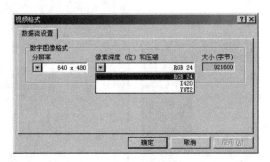

图 7-34

2. 用摄像头抓图和录制视频

软件默认是把图像文件保存到C:\test.jpg，视频文件保存在C:\test.avi。

单击画面中的"抓图"按钮，即可到指定目录下查看图片。

单击画面中的"开始录像"按钮，软件就把视频帧信息保存到缓冲区中，根据所使用的分辨率和CPU的计算速度，其保存的速度有所不同。单击画面中的"停止录像"按钮，软件就会将缓冲区中的信息输出为AVI格式的视频文件。

3. 设置视频源格式

打开"视频源"格式对话框，在"设置"选项卡下可对图像的亮度、对比度、灰度和色调等常见参数进行综合控制，如图7-35所示。

在"缩放"选项卡下，可对图像进行放大或缩小，对图像左右位置进行移动（以屏幕为取景框），如图7-36所示。

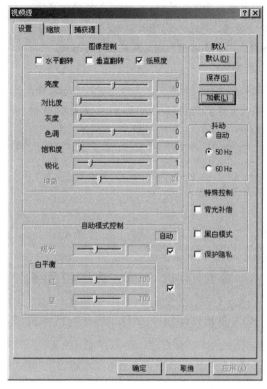

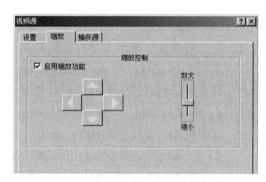

图　7-35　　　　　　　　　　　　　　　　图　7-36

小张：　"李工，为什么制作的视频看起来很不流畅啊？"

李工：　"这是正常的。这还得从数码摄像头的一个重要参数说起。"

小张：　"是捕获速度（FPS）吧？"

李工：　"对。FPS值越大，帧数越多，视频越流畅、清晰。很多厂家都声称最大30帧/s的视频捕获能力，但实际使用时并不尽如人意。目前摄像头的视频捕获都是通过软件来实现的，因而对计算机的要求非常高，即CPU的处理能力要足够快。其次对画面要求的不同，捕获能力也不尽相同。现在摄像头捕获画面的最大分辨率为640×480，在这种分辨率下没有任何数字摄像头能达到30帧/s的捕获效果，因而画面会产生跳动现象。如果要看到流畅的视频效果，则只有采用数码摄像机（DV）了，它的价格要贵很多。"

 质量评价

项目或任务	完成情况		
了解数码摄像头的主要技术参数	□好	□一般	□差
会安装数码摄像头的驱动程序	□好	□一般	□差
会用数码摄像头进行拍照和录制视频	□好	□一般	□差

李工："小张，本章共介绍了三个常用外设的硬件安装与软件安装，能说一说你的感想吗？。"

小张："好的。这三个外设的接口都是USB的，硬件安装比较容易。驱动软件安装还有点模糊。"

李工："不管是哪种USB接口的外设，都可以运行驱动程序包里的Setup.exe，按照提示安装。在安装过程中，如果要检测设备，则要给它通电，并且接上USB线。否则，下次设备通电并接到计算机上时，会提示'发现新硬件'，并要求用户指定驱动程序的路径。"

小张："驱动程序的几种安装方式，有什么不同吗？"

李工："这要根据厂商提供的安装文件，具体问题具体分析。如果安装文件夹下只有inf文件，则最好用更新驱动、硬件安装向导的方式。如果厂商提供了Setup.exe、install.exe或install.bat等文件，则直接双击运行即可。"

思考与练习

一、选择题

1. 打印质量低，噪声大的打印机种类是（　　）。
   A. 针式打印机　　　B. 喷墨打印机　　　C. 激光打印机　　　D. 热升华打印机

2. 具有多层复写能力的打印机种类是（　　）。
   A. 针式打印机　　　B. 喷墨打印机　　　C. 激光打印机　　　D. 热升华打印机

3. 打印机和扫描仪上的DPI表示（　　）。
   A. 横向和纵向两个方向上每英寸点数
   B. 打印或扫描的速度
   C. 打印或扫描的纸张幅面

4. 目前数码摄像头在（　　）领域有着广泛应用（多选）。
   A. 网络视频　　　　B. 实时监控　　　　C. 静态图片拍摄　　D. 网络打印

5. 目前数码摄像头的捕获速度（FPS）普遍为（　　）。
   A. 30帧/s　　　　　B. 60帧/s　　　　　C. 90帧/s　　　　　D. 100帧/s

二、操作题

1. 如果条件具备，安装腾讯QQ即时聊天程序，安装一款数码摄像头，并与好友开通视频聊天。

2. 如果条件具备，那么请安装一台扫描仪，并把自己的照片扫描成JPG格式的图片，与好友分享。

第8章 连接到Internet

小张： "老师，我的计算机已经安装好了，想要上网，为什么老是连接不上啊？"

老师： "要上网，首先要将自己的电脑与Internet连接。目前上网的方式主要有拨号上网、ADSL宽带上网和LAN小区宽带上网3种。"

小张： "老师，这3种上网方式有区别吗？"

老师： "当然是有很大的不同了，它们有着各自的优点和不足。ADSL宽带上网是最常用的上网方式。我们就来讲讲它。"

小张： "ADSL宽带上网时，需要安装什么硬件和驱动程序吧？"

老师： "你说得很对。我们需要安装一块网卡和一款ADSL Modem（调制解调器）。"

小张： "哦，这一章很实用，我一定好好听讲。"

本章导读

现在的计算机都要求连接到互联网上。而安装网卡硬件、安装网卡驱动程序是上网的前提条件。本章项目1就是教学生如何安装硬件、如何安装设备驱动程序。

普通用户的上网方式有3种，即拨号上网、ADSL宽带上网和LAN小区宽带上网。拨号上网的方式因为速度太慢，基本上没有人使用了。家庭用户普遍使用ADSL宽带上网和LAN小区宽带上网。ADSL宽带上网需要一根电话线、需要向电信部门申请、需要安装ADSL Modem和滤波器，而且上网和打电话两不误，由单台主机独享带宽。LAN小区宽带上网时，要将网线插入室内墙上的信息插座，而且需要向ISP申请并索取分得的IP地址和网关地址，用这种方式上网是许多用户共享带宽。本章的重点任务之一就是教学生如何连接ADSL Modem、如何创建拨号连接。

项目1 安装上网设备

小张： "老师，网卡属于上网设备吗？"

老师： "当然是了！在接入Internet时，网卡是一个重要的组件。计算机之间的连接就是通过网线连接计算机中的网卡来实现的。"

小张： "老师，我怎么在我的计算机主板上没有发现网卡呢？"

老师： "哦，那可能是你的主板已经集成网卡了。现在的主板上大都集成了网卡，而且它已经可以满足普通用户的上网要求了。如果用户需要安装两块网卡，那么就得使用独立网卡啦！"

学习目标

掌握网卡硬件安装及驱动程序安装的方法。掌握ADSL Modem与网卡的连接方法。

项目任务

1）在一台已经安装好操作系统及常用软件的计算机上，安装一款RTL8139网卡硬件，并安装其驱动程序。

2）连接ADSL Modem到网卡上。

项目分析

现在的计算机都要求连接到互联网上。安装网卡硬件、安装网卡驱动程序是上网的前提条件。

对于集成了网卡芯片的主板，在安装主板驱动程序时，已经安装好了网卡驱动程序。但如果是独立网卡，则要手动安装网卡（一般是PCI总线的）和驱动程序了。RTL8139网卡价格便宜，性能稳定，100Mbit/s和1000Mbit/s的网卡很容易买到。

计算机通过Modem拨号，才能建立与网络的连接。现在普遍使用的ADSL Modem都是外置式的，安装非常方便。

任务准备

一台带有操作系统的计算机，一个Realtek RTL8139网卡，一款外置式ADSL Modem，并向电信部门申请宽带账号，十字螺钉旋具等工具。

任务1 安装网卡及驱动程序

操作指导

1．安装网卡硬件

以常见的PCI网卡为例，打开主机盖，将机箱后侧挡板掰开取下，两手均匀用力，将网卡金手指插到主板PCI插槽中。拧紧网卡翼片上的螺钉，如图8-1所示。合上机箱盖子。

2．安装网卡驱动程序

大多数网卡能够被Windows XP识别，不需额外安装驱动程序，只有少量的网卡需要手工安装。在桌面上的"我的电脑"图标上单击鼠标右键，在弹出的快捷菜单中选择"属性"命令，打开"系统属性"对

图 8-1

话框，在对话框中操作。如图8-2～图8-4所示，系统已经发现网卡，只是尚未找到驱动程序，因此，可用"更新驱动程序"的方式来进行。

在带黄色惊叹号的"以太网控制器"上单击鼠标右键，在弹出的快捷菜单中选择"更新驱动程序"命令，操作过程如图8-5～图8-9所示。

图 8-2

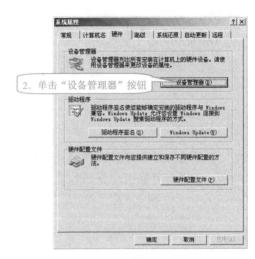

图 8-3

图 8-4

图 8-5

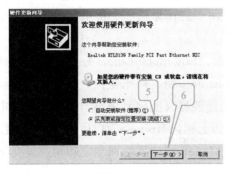

图 8-6

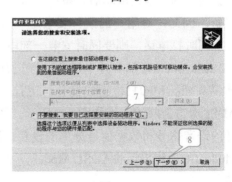

图 8-7

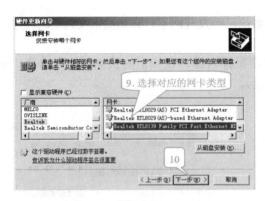

图 8-8   图 8-9

小知识 ★★

如果在一款集成了网卡的计算机里面安装独立网卡，那么请先禁用BIOS里面的集成网卡，否则有可能引起资源冲突。

任务2　安装ADSL Modem

小张："我老听人说，上网需要'猫'才行，什么是'猫'啊？"

老师："'猫'是Modem的谐译音，Modem是'调制解调器'的英文缩写。"

小张："它有什么作用呢？"

老师："这部分内容以后在网络课讲述。我们现在只需要知道，它是一种用来向电信部门申请连接到Internet的拨号设备就行了。"

小张："常说的ADSL Modem也是'猫'吗？"

老师："对，这是一种应用了ADSL技术的'猫'。"

 操作指导

ADSL Modem是现在广泛使用的宽带上网设备。在实际生活中，用户对用户端的硬件安装是不必费心的，申请成功后，电信运营商就会派人来上门安装用户端的ADSL Modem和信号分离器。因此，对用户的硬件要求是一台带有网卡的计算机和一根电话线，如果用户还需要在上网时打电话，则要同时安装一部电话机。

ADSL Modem背部有几个插孔，标记有Power、Ethernet和Line，分别代表电源插孔、RJ45水晶头插孔和RJ11电话线插孔，还有一个console按钮，用来复位。如图8-10所示。

ADSL宽带上网的连接如图8-11所示。图中的滤波器又叫信号分离器，是一种把电话线上传送的语音信号和数据信号分离的设备。滤波器上标记有phone的口用来连接电话线，标记有Modem的口用来连接ADSL Modem。ADSL Modem和计算机网卡之间再通过交叉双绞线连接。

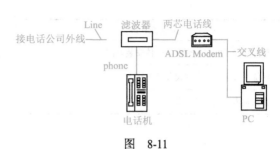

图 8-10

图 8-11

 相关知识与技能

一、认识网卡

网卡也被称为网络适配器，是计算机中重要的联网设备。它的主要作用：一是负责接收网络上传送过来的数据包，解包后，将数据通过主板上的总线传送给本地计算机；二是将本地计算机上的数据打包后送入网络。

网卡的分类方法有很多种，按照接口类型可以分为ISA网卡、PCI网卡、PCI－E网卡和USB网卡4种。按照使用对象的不同，网卡可以分为普通工作站网卡、服务器专用网卡和笔记本电脑专用网卡PCMCIA。按照传输介质的不同，网卡可以分为有线网卡和无线网卡。按照传输速率的不同，网卡可以分为10Mbit/s网卡、100Mbit/s网卡、10/100Mbit/s自适应网卡和1000Mbit/s网卡4种。

不管哪种网卡，出厂后都有一个唯一的标志，这就是MAC地址（Physical Address）。它由48位2进制数组成，分成6段，用16进制数表示，如"00–0F–3D–82–FB–E2"的一串字符。连接到Internet的计算机称为主机，每台主机就凭这个MAC地址在Internet上与其他主机相互区别，相互通信。这部分知识已经超出了本书范畴，请自行查阅相关书籍。

二、认识ADSL Modem

ADSL Modem又叫ADSL调制解调器，是专门用来把计算机连接入Internet的一种外部设备。常用的是外置式ADSL Modem。ADSL（Asymmetric Digital Subscriber Line）是"非对称数字用户线路"的英文简称，它是一种在普通电话线上进行宽带通信的技术。利用ADSL Modem，用户可以一边上网，一边打电话。

三、认识ADSL Modem面板指示灯

连接完毕，给ADSL Modem通上电源，此时如果计算机在工作，则会发现ADSL Modem面板上的Link指示灯、Power指示灯、LAN指示灯已经发亮。如果计算机已经拨号成功，则还会发现Data指示灯也在不停闪烁，此时表明正在接收和传送数据。

质量评价

项目或任务	完成情况		
熟练掌握了网卡的硬件及软件安装方法	□好	□一般	□差
熟练掌握了宽带上网设备的连接方法	□好	□一般	□差
会画宽带上网的拓扑图	□好	□一般	□差

项目拓展

通过宽带路由器方式共享上网，是现在办公室用户上网的首选，ADSL Modem拨号所获得的带宽由几个用户共享。这种方式的特点是增加一台宽带路由器，它一般有4/8个LAN口，用户计算机接到LAN口上。由路由器通过ADSL Modem自动拨号，断线自动重拨，用户只需要在路由器上设置上网账号和密码，无需在每台计算机上单独设置，只要一开机就可以自动连接到Internet上，非常方便。

这种方式上网的网络拓扑图如图8-12所示。

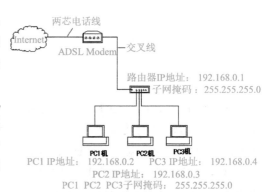

图 8-12

项目2 连接到Internet

小张： "老师，我的ADSL'猫'、网卡和驱动程序已经安装和设置好了，线已连接好了，但为什么还是不能上网呢？"

老师： "呵呵，不急不急。网卡的设置是整个网络连接成功与否的关键，但在网卡的配置中还需要进行IP地址的设置。"

小张： "什么是IP地址呢？它是不是上面所讲的MAC地址呢？"

老师： "不是。IP地址和现实世界中的身份证号码所起的作用是相同的，现实世界里人与人是通过身份证进行区分，而在计算机的世界中则是通过IP地址来区别。只是它们的具体表示形式不相同罢了。"

小张： "MAC地址也是唯一的，为什么不能用它呢？"

老师： "你这个问题问得有水平。我们现在只需要知道IP地址远比MAC地址用起来方便就行了。其他知识要在网络课中专门来解决。"

学习目标

区分两种宽带上网方式的异同。掌握IP地址的设置方法。掌握创建ADSL拨号连接的方法。

项目任务

根据需要设置固定IP地址和动态IP地址。
根据需要创建ADSL拨号连接。
根据需要连接到小区宽带。

 项目分析

安装好网卡硬件和驱动程序后，如果是共享ADSL宽带上网，那么就可以连接到Internet了。如果是通过小区宽带上网，那么只需要输入运营商提供的账号和密码，同样可以连接到Internet了。

但如果是ADSL拨号用户，安装网卡硬件和驱动程序后还不能马上连接到Internet。因为此时必须安装拨号程序，才能让ADSL Modem拨号连接到运营商的服务器上，从而连接到Internet。

每一台连接到Internet上的计算机又叫主机。不管哪一种方式上网，都涉及怎样来管理这些连接入Internet的主机，这就要求用户设置本地计算机的IP地址。

 项目准备

了解运营商对本地计算机IP地址的管理方式。如果是共享ADSL宽带上网，那么就要向网管员索取有效并且不冲突的IP地址、子网掩码、网关和DNS服务器等信息。如果是通过小区宽带上网，那么就要准备好运营商提供的账号和密码。

任务1 设置IP地址

 操作指导

在桌面上的"网上邻居"图标上单击鼠标右键，在弹出的快捷菜单中选择"属性"命令，即打开"网络连接"窗口。设置IP地址的操作过程如图8-13～图8-15所示。

图 8-13

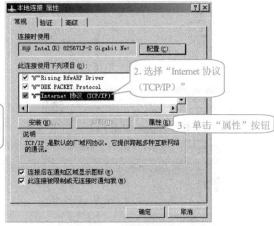

图 8-14

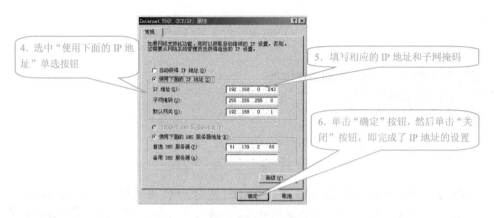

4. 选中"使用下面的 IP 地址"单选按钮

5. 填写相应的 IP 地址和子网掩码

6. 单击"确定"按钮，然后单击"关闭"按钮，即完成了 IP 地址的设置

图 8-15

按照网管员提供的网络参数，在图中设置为固定IP地址192.168.0.243，子网掩码255.255.255.0，网关设为192.168.0.1，首选DNS服务器设为61.139.2.69（四川地区电信用户）。

任务2 创建ADSL拨号连接

操作指导

Windows XP以下的系统本身就自带有ADSL拨号软件，因此，可利用它建立ADSL拨号程序。在桌面上的"网上邻居"图标上单击鼠标右键，在弹出的快捷菜单中选择"属性"命令，在打开的"网络连接"窗口中创建拨号程序的过程如图8-16～图8-23所示。

1. 单击"创建一个新的连接"命令，打开创建向导

图 8-16

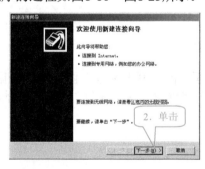

2. 单击

图 8-17

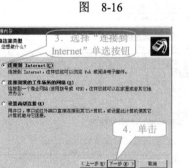

3. 选择"连接到Internet"单选按钮

4. 单击

图 8-18

5. 选择"手动设置我的连接"单选按钮

6. 单击

图 8-19

计算机组装与维护实训教程

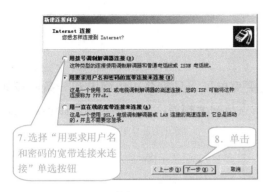

7. 选择"用要求用户名和密码的宽带连接来连接"单选按钮

8. 单击

图 8-20

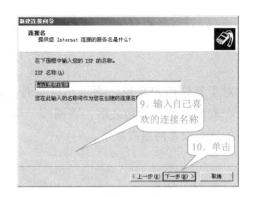

9. 输入自己喜欢的连接名称

10. 单击

图 8-21

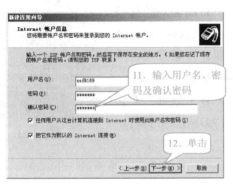

11. 输入用户名、密码及确认密码

12. 单击

图 8-22

13. 选择此复选框

14. 单击

图 8-23

小知识 ★★

　　这里的用户名和密码必须与向电信部门申请时填写的用户名和密码保持一致。申请时的用户名就是账号，不能变。密码是初始密码，连接到Internet后到电信部门指定的网站上修改。

　　创建拨号连接后，当需要拨号上网时，只需要双击桌面上的"ADSL宽带连接"图标，打开对话框，如图8-24所示。

　　输入密码，单击"连接"按钮即可连接到Internet。

图 8-24

对于普通用户来说，通过小区宽带上网就更简单了，只需要一块网卡和一条网线即可。在安装好网卡驱动之后，将网线一端的水晶头与网卡相连，另一端与信息插座相连，剩下的就是设置网络参数了。

 操作指导

信息插座一般是安装在墙面上的，也有桌面型和地面型的，主要是为了方便计算机等设备的移动，并且保持整个布线美观的接口模块，如图8-25所示。多数产品上含有网线插口，电话线接口；还有一些则是出于使用目的，同时含有电源接口，视、音频接口；少数产品带有专用设备，一般是为了方便使用者而特制的。

网络设置的主要内容是在"Internet协议（TCP/IP）属性"对话框中输入在申请小区宽带时运营商提供的IP地址以及DNS服务器等，其网络设置的具体操作步骤参见上一个任务。

图　8-25

> **小知识** ★★
>
> 运营商又叫ISP（网络服务提供商），是用户与Internet连接的重要桥梁，通过它用户才能与整个网络连接，才能取得互联网上的丰富资源。目前ISP主要有网通、电信、联通、移动和艾普等。

 相关知识与技能

一、MAC地址和IP地址

每一台安装有网卡的计算机有一个全世界唯一的标志——MAC地址。正是通过MAC地址，使得接入互联网上的计算机可以相互区别、相互通信。这台计算机又称为网上的主机。但MAC地址不便于记忆和识别，更不便于管理，于是人们又用IP地址来区分每台主机。而IP地址通过某种协议和MAC地址绑定在一起。

IP地址使用32位二进制数表示，人们为了方便记忆，把IP地址按照8位二进制数为一组、中间用"."号隔开的×××.×××.×××.×××格式来表示，其中×××是0～255之间的一个十进制数。例如，IP地址为11000000 10101000 01111011 11001001使用192.168.123.201来表示。

在本地计算机上查看MAC地址和IP地址的方法为在命令提示符下输入ipconfig/all，按<Enter>键，显示的信息中就包含了MAC地址和IP地址，如图8-26所示。

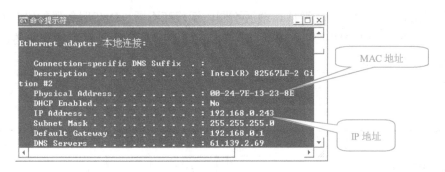

图 8-26

二、ADSL Modem接入方式

ADSL Modem接入Internet有专线接入和虚拟拨号（PPPoE）两种方式。对于专线接入方式，由ISP（网络服务提供商）提供静态IP地址、主机名称、DNS等信息，在"Internet协议（TCP/IP）属性"对话框中直接设置好IP地址、DNS服务器等信息，就可以连接到Internet上了。

对于虚拟拨号（PPPoE）方式，用户要安装拨号软件，例如，EnterNet300等，通过它来连接到Internet中。对于Windows XP以后的操作系统，用户如果没有特殊需要，则无需再四处寻找拨号软件，直接用"创建ADSL宽带连接"的方式即可。

ISP（网络服务提供商）提供静态IP地址本身是专用的Internet合法地址，需要租用。其专线接入方式被广泛用在网吧、大中型企事业单位等场合，费用较高。而虚拟拨号方式产生的IP地址为动态地址，并且每次拨号后从服务商处获得的地址是不一样的，用户无需租用专用的Internet合法地址，费用较低。

三、常用网络参数简介

MAC地址也叫物理地址（Physical Address）。

私有IP地址：根据TCP/IP协议的规定，只在局域网内使用的IP地址叫私有IP地址，又叫保留IP地址。如192.168.0.1～192.168.0.254一类的地址都是私有IP地址。私有IP地址是不能用到Internet中的。设置私有IP地址的目的一是节约有限的公有IP地址资源，二是为了把局域网内的主机区分开来。

公有IP地址：根据TCP/IP的规定，能在Internet中使用的IP地址就叫公有IP地址。公有IP地址只能由统一的互联网机构来负责分配。

网关IP地址：它是局域网内负责把用户计算机的请求信息转发到Internet上，并且把Internet上的信息转发给局域网内其他计算机的一台主机IP地址。网关通常是指宽带路由器、拨号服务器等。

子网掩码：它用来界定两台主机是否位于同一个网段内。

DNS服务器IP地址：用户访问Internet时是用诸如"www.sina.com"的域名方式来进行的。可是IP地址才是Internet主机的"合法身份"。因此，DNS服务器就负责把用户输入的域名转化成Internet上合法的IP地址。地区不同，运营商不同，DNS服务器的IP地址也不同。如四川地区电信用户的DNS服务器IP地址为61.139.2.69，同一个地区联通用户的DNS服务器IP地址为221.10.201.2。

 质量评价

项目或任务	完成情况		
知道本地计算机的上网方式	□好	□一般	□差
熟练掌握IP地址的设置方法	□好	□一般	□差
能熟练创建ADSL宽带拨号连接	□好	□一般	□差

 项目拓展

即使本地计算机设置了固定的IP地址（私有），但只要通过拨号程序建立了连接，都会从服务商处获得一个动态的IP地址（公有）。查看动态的IP地址（公有）的方法如下。

拨号连接成功后，双击右下角的"ADSL宽带连接"图标，将打开"ADSL宽带连接状态"对话框，如图8-27所示，客户端IP地址即为当下从服务商处获得的动态IP地址。

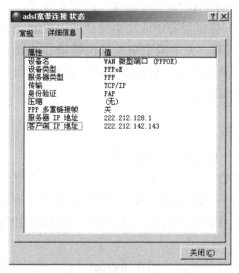

图 8-27

思考与练习

一、判断题（请判断以下各题的正误，对的打√，错的打×）

1. 使用ADSL拨号上网时，外界无法拨打所使用的电话线路。　　（　　）

2. 由于一个ADSL一般只分配一个公网IP地址，所有局域网中的计算机如果都要上网，

那么就必须申请多个ADSL账号。 （　　）

3．所谓入侵就是指在没有授权的情况下，存取、修改他人的信息或是破坏系统，使系统不稳定甚至不能运行的故意行为。 （　　）

4．不需要网卡，计算机也能连接到Internet。 （　　）

5．每张网卡只能有一个全世界唯一的地址——MAC地址。 （　　）

二、操作题

调查本地区、本小区的DNS服务器IP地址，并尝试修改本地计算机的IP地址为192.168.0.2，子网掩码为255.255.255.0，填入首选DNS服务器的IP地址。

三、简答题

1．什么叫ADSL？它有什么特点？

2．怎样才能让局域网中的多台计算机共享上网？

3．比较通过小区宽带上网和ADSL拨号上网的异同。

第9章　系统优化、备份、还原

> 老师：　"小张，知道系统安装完该干什么了吗？"
>
> 小张（笑）：　"把我所有的游戏光盘全装一遍，打网络游戏、QQ聊天，对了，还有QQ农场……"
>
> 老师：　"如果不先把系统优化好，不做好备份工作，估计很短的时间你就不得不重装系统了！"
>
> 小张：　"啥意思？"
>
> 老师（笑而不语）：　"……"

 本章导读

Windows操作系统本身极为庞大、复杂，使用一段时间后难免会出现系统性能下降、出现故障等情况，因此，必须先对系统进行优化设置。同时由于错误的操作、安全意识的缺乏等时常会导致计算机系统死机或崩溃，因此，必须对系统做好备份工作。

本章前4个任务运用Windows提供的一些工具对系统进行优化。但这些方法太过复杂，有些操作甚至具有危险性。因此，在第5个任务中，教会学生运用专业软件"鲁大师"进行"一键优化""一键清理"。如果还需要对分区大小进行适当调整又不想破坏现在的文件，那么第6个任务中的用PQMAGIC进行无损分区就是不二之选。

目前最常用的系统备份和还原工具是Ghost，本章项目2的几个任务就是教学生全面认识Ghost、运行Ghost制作映像文件，并从映像文件还原系统。

项目1　优化系统

 学习目标

掌握系统优化的途径。

 项目任务

对系统运用多种方式手工提速。
对系统运用多种方式手工减肥。
手工清理系统垃圾。
对系统进行碎片整理，以提高硬盘性能。
用"鲁大师"软件的"一键优化"功能，对系统进行全面优化。
用PQ软件对硬盘进行无损分区。

项目分析

系统优化是指通过各种设置让系统运行更有效，数据读写更快，空出更多的系统资源供用户使用。

优化系统实质上就是"打造量身定做的、属于自己的系统"，通常有手工优化和专业软件优化两种途径。无论是何种途径，主要从提速、减肥、清理垃圾、减少服务、优化性能五大方面进行。此外，让系统盘有更多的使用空间，也可以通过提高虚拟缓存达到提升性能的目的。

任务1 手 工 提 速

 操作指导

提速主要是指计算机从开机到用户可以使用Windows程序的这段时间。其方法与技巧非常多，通常用得比较多的是降低滚动条滚动次数、减少不必要的启动程序。

1．技巧：降低滚动条滚动次数

大家对这个画面都不陌生，如图9-1所示。有时滚动条的滚动次数很多，相当耗时。利用系统注册表可以设法减少滚动次数从而提高速度。

操作步骤是进入Windows XP系统后执行"开始"→"运行"命令，输入"regedit"，如图9-2所示。

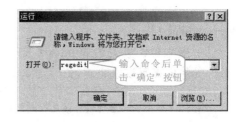

图 9-1   图 9-2

在注册表编辑器窗口左侧依次查找如下区域，HKEY_LOCAL_MACHINE\SYSTEM\CurrentControlSet\Control\Session Manager\Memory Management\PrefetchParameters，此时在右侧窗口中可以看到EnablePrefetcher主键，双击该主键并在弹出的窗口中将默认的"3"改为"1"，这样滚动条滚动的时间就会减少，如图9-3所示。

2．技巧：减少不必要的启动程序

许多应用程序在安装时会"自作主张"添加至系统启动组，导致每次系统启动都会自动运行，这不仅延长了启动时间，而且会消耗不少系统资源，应考虑只加载必要的启动项。执行"开始"→"运行"命令，输入"msconfig"，如图9-4所示。

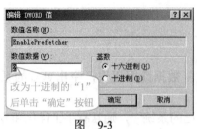

图 9-3 图 9-4

单击"确定"按钮即可打开"系统配置实用程序"对话框并选择"启动"选项卡，如图9-5所示。

图9-5中列出了系统当前启动时加载的项目及来源，应仔细查看是否需要加载。如果不需要，则清除项目前的复选框。加载的项目愈少，系统启动的速度愈快，此项操作需要重新启动方能生效。

图 9-5

小知识 ⭐⭐

一般来说，装好的Windows XP系统除了保留输入法（在启动项目中为ctfmon）之外，其他的都可以禁止运行。

小张："那么多的启动项目该怎么判断该不该加载呢？"

老师："这是个长期学习积累的过程，也可以搜集网上资料，查看每一个启动项的作用。记住，网络不仅可以用来娱乐，还可以查找资料，学到更多的IT知识和技能。"

任务2 手工减肥

小张："老师，最近QQ上有朋友问我为什么他的C盘最初有10多个GB的空间而现在只剩下不到100MB了？"

老师："嗯，这个问题问得非常好，这与我们要讲的优化关系非常紧密。尽管很多初学者知道程序从来不装在C盘，不在C盘放文件，但空间减少仍是事实。一般考虑从两个方面来处理，即减肥和清理垃圾。"

Windows XP以其华丽的界面与易操作性受到了大众的认可，但使用时间久了会发现硬盘可用空间尤其是C盘在大幅度减少，如何才能找回被Windows XP吞噬的硬盘空间呢？本节将讲解一些常见的技巧。

1. 技巧：关闭系统还原

长时间使用系统还原功能会占用大量的C盘空间，因此，有必要将其关闭以减少占用量。操作步骤是：

打开"控制面板"，双击"系统"图标，打开"系统属性"对话框，在"系统还原"选项卡中选择"在所有驱动器上关闭系统还原"复选框，如图9-6所示。

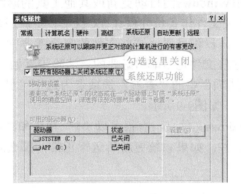

图 9-6

2. 技巧：删除不必要的输入法

Windows XP系统自带的输入法并不都适合自己使用，比如IMJP8_1日文输入法、IMKR6_1韩文输入法完全可以将其删除。输入法位于C：\WINDOWS\ime\文件夹中，全部占用了59MB的空间，如图9-7所示。

图 9-7

3. 技巧：删除系统备份文件

执行"开始"→"运行"命令，输入"sfc.exe
/purgecache"，单击"确定"按钮，作用是清除
"Windows文件保护"文件高速缓存，释放出其所占
据的空间近300MB之多，如图9-8所示。

图 9-8

4. 技巧：删除系统更新产生的文件

C盘中有一个占用空间庞大的文件夹——Windows XP系统更新所产生的文件。为确保系统安全，通常会利用Windows的自动更新或其他工具的漏洞修复功能进行系统更新。Windows会把更新前的相关文件作备份并保存在C盘中。更新成功后，这些备份文件就毫无用处了，但并没有被删除，日积月累，这些文件的容量就非常惊人了，一些时候甚至能达到GB级别，因此，清除这些文件也是非常必要的。清除步骤如下。

1）首先在"文件夹选项"中的"查看"选项卡内选中"显示所有文件和文件夹"单选按钮，单击"确定按钮"，如图9-9所示。

2）打开C盘中的Windows文件夹，有很多以"$"开头和结尾的文件夹，以蓝色显示，这些都是更新前的备份文件。如果系统更新后运行正常，那么就可以删除这些文件夹了，如图9-10所示。

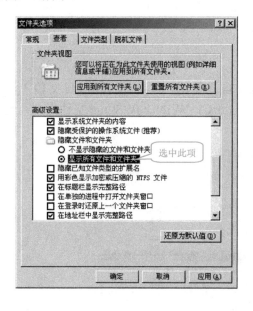

图 9-9

地址 (D)	C:\WINDOWS			
名称 ▲	大小	类型	修改日期	属性
hf_mig		文件夹	2010-2-1 9:46	H
$NtUninstallKB9227...		文件夹	2009-5-22 16:34	HC
$NtUninstallKB923561$		文件夹	2009-5-22 16:44	HC
$NtUninstallKB923845$		文件夹	2009-5-22 16:35	HC
$NtUninstallKB9246...		文件夹	2009-5-22 16:38	HC
$NtUninstallKB925336$		文件夹	2009-5-22 16:35	HC
$NtUninstallKB9253...		文件夹	2009-5-22 16:46	HC
$NtUninstallKB9259...		文件夹	2009-5-22 16:38	HC
$NtUninstallKB926122$		文件夹	2009-5-24 17:59	HC
$NtUninstallKB929123$		文件夹	2009-5-22 16:39	HC
$NtUninstallKB930178$		文件夹	2009-5-22 16:38	HC
$NtUninstallKB931312$		文件夹	2009-5-22 16:35	HC

图 9-10

任务3　手工清理垃圾

Windows XP在安装和使用过程中会产生大量的"垃圾"文件，如临时文件（如*.tmp、*._mp）、日志文件（*.log）、临时帮助文件（*.gid）、磁盘检查文件（*.chk）、临时备份文件（如*.old、*.bak）等，这些文件主要集中在以下文件夹中，见表9-1。

表9-1 Windows XP中的"垃圾"文件

文件路径	说明
地址(D) ☐ C:\Documents and Settings\zhangxn\Recent	最近访问的文档、程序和网站记录
地址(D) ☐ C:\Documents and Settings\zhangxn\Local Settings\Temp	安装程序、编辑文件时产生的临时文件
地址(D) ☐ C:\Documents and Settings\zhangxn\Local Settings\Temporary Internet Files	上网浏览网站产生的临时文件

注：这里的"zhangxn"因登录Windows XP的用户名而异。要查看这些文件夹，必须在文件夹选项中选中"显示所有文件和文件夹"和取消"隐藏受保护的操作系统文件（推荐）"。

如果一段时间不清理IE的临时文件夹"Temporary Internet Files"，其中的缓存文件会占用上百MB的磁盘空间。不仅浪费了宝贵的C盘空间，严重时还会使系统的运行慢如蜗牛。打开IE浏览器，进行清理的操作步骤，如图9-11和图9-12所示。

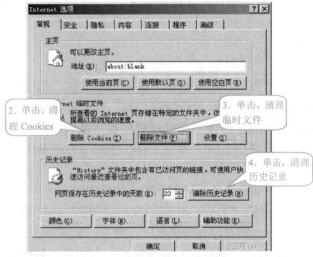

图 9-11   图 9-12

对于其他"垃圾"文件还可以用Windows XP自带的"磁盘清理"工具进行处理。执行"开始"→"程序"→"附件"→"系统工具"→"磁盘清理"命令，如图9-13所示。

然后按照如图9-14所示的步骤即可清理指定分区的"垃圾"文件了。

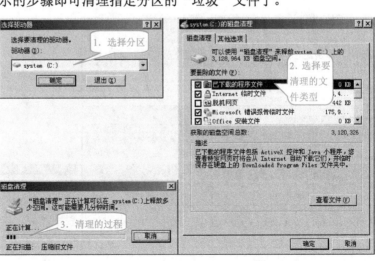

图 9-13   图 9-14

任务4　手工整理磁盘碎片

硬盘在使用一段时间后，由于反复写入和删除文件，磁盘中的空闲扇区会分散到整个磁盘中不连续的物理位置上，从而使文件不能存在于连续的扇区内，这被形象地称为"文件碎片"。

小知识

磁盘碎片应该称为文件碎片，是因为文件被分散保存到整个磁盘的不同地方，而不是连续地保存在磁盘连续的簇中形成的。当应用程序所需的物理内存不足时，一般操作系统会在硬盘中产生临时交换文件，用该文件所占用的硬盘空间作为虚拟内存。虚拟内存管理程序会对硬盘频繁读写，产生大量的碎片，这是产生硬盘碎片的主要原因。

操作指导

文件碎片一般不会在系统中引起问题，但文件碎片过多会使系统在读文件的时候来回寻找，引起硬盘性能下降，严重的还要缩短硬盘寿命。此时需要用到"磁盘碎片整理程序"，通过整理把硬盘上的"碎片文件"重新写在硬盘上，以便让文件保持连续性。

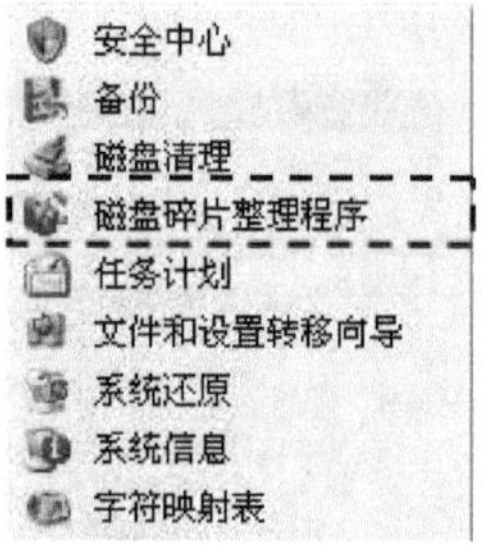

运行磁盘碎片整理程序的具体操作如下。

1）单击"开始"按钮，执行"程序"→"附件"→"系统工具"→"磁盘碎片整理程序"命令，如图9-15所示。

图　9-15

2）打开"磁盘碎片整理程序"对话框，其中显示了磁盘的状态和系统信息，如图9-16所示。

3）选择一个磁盘，单击"分析"按钮，系统即可分析该磁盘是否需要进行磁盘整理，并弹出"磁盘碎片整理程序"对话框，单击"碎片整理"按钮，如图9-17所示。

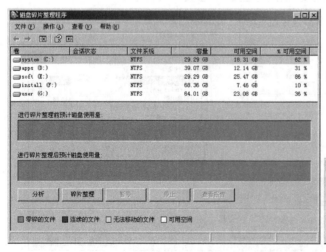

图　9-16

图　9-17

180

4）开始磁盘碎片整理时，系统会以不同的颜色条来显示文件的零碎程度及碎片整理的进度，如图9-18所示。

5）整理完毕后，会弹出如图9-19所示的对话框，提示用户磁盘整理程序已完成。

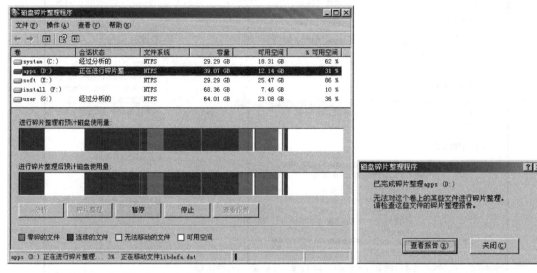

图　9-18　　　　　　　　　　　　　　　　图　9-19

小知识★★

为确保磁盘碎片整理的良好效果，在进行整理前应该对磁盘上的所有垃圾文件和不需要的文件进行一次彻底清理，同时关闭屏保功能。定期对磁盘碎片进行整理是系统日常维护的一个很重要的环节，一般家庭用户应该一个月整理一次。

小张：　"Windows XP手工优化的途径还真多。"

老师：　"你现在看到的只是一些常见的操作，计算机'老手'使用的手段还更多，比如，优化内存、刷新驱动和调整BIOS设置等。"

小张：　"有没有更方便的办法，比如'一键优化'之类的软件？"

老师：　"有啊，下面请'鲁大师'出场！"

任务5　专业软件"一键优化"

　操作指导

鲁大师是新一代超强的系统工具。它能轻松优化并清理系统，提升计算机的运行速度，而且完全免费（本书采用鲁大师V2.52版）。本节将重点介绍软件提供的"一键优化"和"一键清理"功能，软件运行界面如图9-20所示。

图　9-20

1．"鲁大师"的"一键清理"功能

一键清理包括扫描、清理两大模块。可以迅速、高效、全面地清理系统中的网络临时文件、系统历史痕迹或临时文件、应用程序历史记录、注册表等。操作步骤为单击软件主界面中的"一键清理"按钮，如图9-21所示。

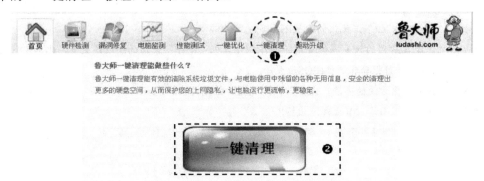

图　9-21

一键清理首先对计算机进行扫描，右下角会提示有多少个可清理对象，如图9-22所示。
完成扫描后软件自行清理系统垃圾，如图9-23所示。
在"高级清理"中，展开左侧的项目分类，可以看到"鲁大师"软件可以清理的垃圾存在的区域，如图9-24所示。

图　9-22

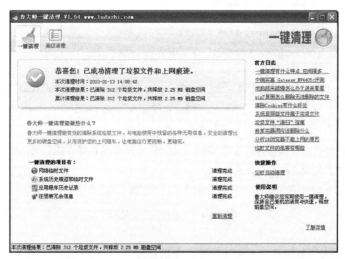

图　9-23

图　9-24

2. "鲁大师"的"一键优化"功能

一键优化拥有全智能的一键优化和一键恢复功能。一键优化是专门针对广大用户而设计的优化工具，如果系统运行缓慢，则可以使用它对系统进行优化，其中包括对系统响应速度优化、用户界面速度优化、文件系统优化、网络优化等优化功能。如果对优化效果不满意则可以使用一键恢复功能还原到系统默认值状态，如图9-25所示。

图 9-25

小张："太方便了，点两下鼠标就全部搞定了。"

老师："鲁大师的功能后续章节还会介绍的，这个软件可是现在非常流行的。"

小张："嗯，赶紧复制在我的U盘里面。"

任务6 用PartitionMagic调整分区容量

小张："老师，我朋友的笔记本电脑购买时发现硬盘只有一个分区，所有文件都只能放在C盘，我想帮他多分几个区，或者调整分区容量，可以吗？"

老师："嗯，可以的。想想前面我们用的分区软件PQMAGIC吧。"

小张："用DOS版的PQMAGIC分区，会损坏数据，有其他办法吗？"

老师："呵呵，用Windows版的PQMAGIC，就可以做到无损分区了。"

计算机（尤其是笔记本电脑）销售商为了节省时间，在安装系统时通常只给硬盘分一个分区然后就直接安装系统，因此，启动计算机后硬盘上就只有一个C盘。用户想要调整分区的大小需要重新分区，而又不想破坏硬盘中的所有数据，此时可以使用Windows版的PowerQuest PartitionMagic实现无损分区了。

> **小知识** ⭐⭐
>
> 与其他工具软件不同，PartitionMagic这类工具要尽量少用，因为任何对于硬盘分区的操作都是有危险性的。PartitionMagic功能虽然强大，也只能在非用不可的时候才用它，一旦在使用时碰上断电的情况，后果会是灾难性的。

安装PartitionMagic 8.0，运行软件，如图9-26所示。

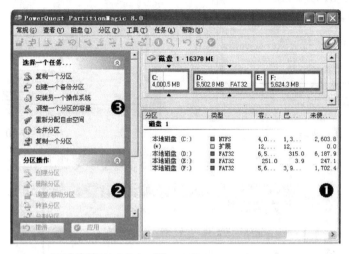

图 9-26

在图9-26中❶所示为分区列表，单击分区选中后可对该分区进行各类常规操作（图中❷所示），图中❸所示"选择一个任务…"列出的各项任务是对整个硬盘进行操作。这里将利用"调整一个分区的容量"功能实现无损分区的操作，将C盘增加500MB（增大的空间来自于D盘），如图9-27所示。

在图9-27中单击"调整一个分区的容量"，弹出任务向导窗口，如图9-28所示。

图 9-27

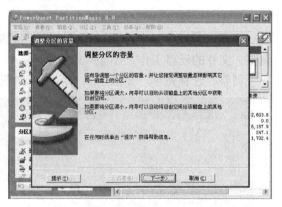

图 9-28

单击"下一步"按钮，打开"选择分区"对话框，选择要调整容量的分区，如图9-29所示。

单击"下一步"按钮，打开"指定新建分区的容量"对话框，如图9-30所示。在新容量栏目中将4 000.5改为4 500（程序会根据实际情况自动改为最合适、接近的数值），改动后单击"下一步"按钮。

增加C盘容量需要从其他盘中取得空间，默认从其他所有分区中均匀地提取，这里只从D盘中提取空间，仅保留D盘前的勾，如图9-31所示。

图 9-29

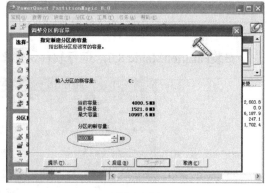
图 9-30

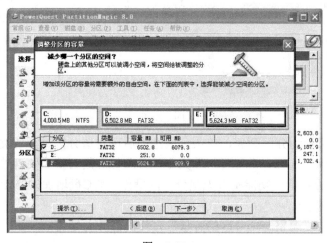
图 9-31

执行"常规"→"应用修改"命令，系统将会重新启动，并在PartitionMagic进行分区调整、文件的迁移工作，如图9-32所示。

调整、迁移完毕，要求手工重启，如图9-33所示。

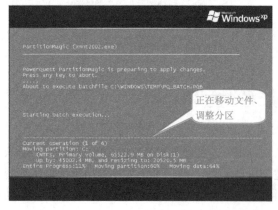
图 9-32

图 9-33

Windows版的PartitionMagic还有很多功能，鉴于篇幅的关系这里就不多介绍了。有兴趣的同学可以参考其他书籍深入学习。

质量评价

项目或任务	完成情况		
会用磁盘清理工具清除指定类型的文件	□好	□一般	□差
会用磁盘碎片整理工具	□好	□一般	□差
会定制开机启动项目	□好	□一般	□差
会用"鲁大师"清理优化系统	□好	□一般	□差
会用PartitionMagic进行分区容量调整	□好	□一般	□差

 项目拓展

禁止某些服务启动

Windows XP在启动时会启动很多服务程序，但有些服务并不会用到。可以禁止它自动启动，以加快启动速度，但禁用服务程序会有风险，建议新手不要轻易操作。查看"服务"程序的操作步骤如下。

1）执行"开始"→"程序"→"管理工具"→"服务"命令，打开"服务"对话框，如图9-34所示。

2）在如图9-34所示对话框中，右部区域分成两部分，左侧是关于某项服务的说明性文字，右侧是该项服务的名称、状态、启动类型、登录权限等信息。

3）如果想禁用某项服务，则先在该项服务上单击鼠标右键，在弹出的快捷菜单中选择"属性"命令（见图9-34）。

4）在弹出的如图9-35所示的对话框的"常规"标签中，将启动类型改为"禁用"。

> **小知识** ★★
>
> 提示：Windows的服务比较复杂，禁用前请详细了解该项服务的作用，否则有可能造成系统不能正常工作。

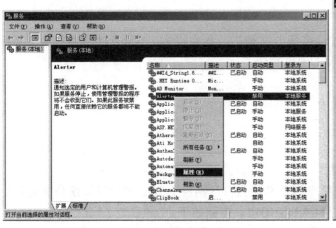

图 9-34

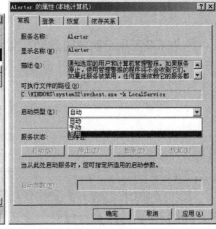

图 9-35

项目2 Ghost备份、还原系统

老师： "小张，你见过电脑城里的商家是怎么安装操作系统的么？"

小张： "这个我知道，都是用那个叫什么Ghost的"GO"一下就可以了。"

老师： "还记得在第6章安装Windows XP系统需要多长时间么？"

小张： "仅是系统安装可能40min左右，再加上驱动程序和常用软件就更漫长了，我记得最开始自己装机子几乎装了大半天。"

老师： "可Ghost只需要10几分钟，一个含各种常用软件的完整系统就安装完了。"

 学习目标

熟练掌握用Ghost进行系统备份与还原的操作步骤。

 项目任务

制作C盘镜像文件。从镜像文件还原到C盘。

 项目分析

　　Ghost软件是美国赛门铁克公司推出的一款出色的硬盘备份还原工具。由于其高效、便捷的备份、还原操作避免了Windows系统安装时的费时和困难，因此，得到了极高的使用频率。同时，基于Ghost开发的诸如一键Ghost、一键还原精灵等软件使得系统的备份、还原操作更加容易上手，备受众多计算机用户的青睐。本节将重点介绍Ghost软件备份、还原Windows XP的操作方法。

 项目准备

　　一张带有Ghost软件的启动光盘，市场上这类工具盘有很多。Ghost软件版本建议采用8.3版本以上，版本越高，备份与还原的速度越快。

任务1　使用Ghost备份系统

 操作指导

　　使用Ghost进行系统备份，有对整个硬盘和硬盘分区两种方式。这里以系统分区备份为例，将刚安装好的C盘备份到镜像文件CXP.GHO中，步骤如下。

　　1）用启动盘重启计算机，运行主程序Ghost.exe进入到主界面，如图9-36所示。

　　2）依次选择Local（本地）→Partition（分区）→To Image（产生镜像），如图9-37所示。

计算机组装与维护实训教程

188

3）弹出硬盘选择窗口，如图9-38所示。

4）用方向键选择第一个分区（C盘）后按<Enter>键，如图9-39所示。

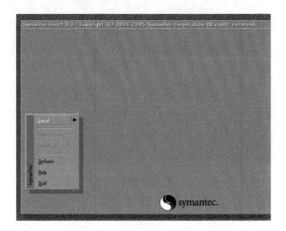

图　9-36

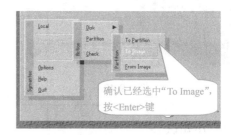

确认已经选中"To Image"，
按<Enter>键

图　9-37

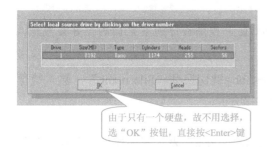

由于只有一个硬盘，故不用选择，
选"OK"按钮，直接按<Enter>键

图　9-38

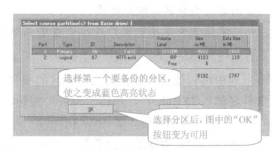

选择第一个要备份的分区，
使之变成蓝色高亮状态

选择分区后，图中的"OK"
按钮变为可用

图　9-39

5）按<Enter>键后，选择备份存放的分区、目录路径及输入备份文件名称，如图9-40所示。

图9-40中各区域编号的说明见表9-2。

表9-2　图9-40中各区域编号的说明

编号	英文	说明
❶	Look in	选择分区
❷	Name	选择目录
❸	File name	文件名称，注意镜像文件名称带有GHO的后缀名
❹	File of type	文件类型，默认为GHO，不能改
❺	Save	保存当前设置
	Cancel	取消当前设置
❻	Image file description	镜像文件描述，可忽略
❼	Current path is	当前路径是

这里首先要正确选择分区，按<Tab>键切换到Look in，使之被选中后按向下箭头键，如图9-41所示。

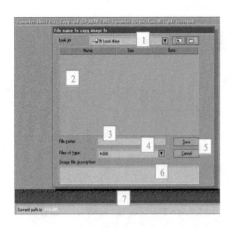

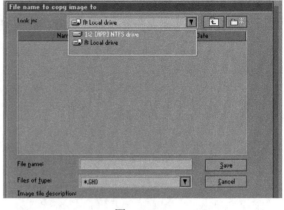

图 9-40　　　　　　　　　　　　　　　　图 9-41

小知识 ⭐⭐⭐

　　图9-41列表中显示的分区盘符与实际盘符不同。盘符后跟着的"1:2"表示第一个磁盘的第二个分区，依此类推。

　　镜像文件是不能保存在原硬盘的系统盘（即C盘）和要备份的盘里面的。并且镜像文件应存放在有足够空间的分区内。

　　这里将镜像文件放在第二个分区的根目录。按<Tab>键切换到"File name"，输入镜像文件名称"CXP.gho"，单击"Save"按钮，如图9-42所示。

　　6）准备开始备份，如图9-43所示。

　　程序询问是否压缩备份数据："No"表示不压缩，"Fast"表示压缩比例小而执行备份速度较快，"High"就是压缩比例高但执行备份速度相当慢。这里用向右方向键选"High"按钮。

　　7）选择好压缩比后，按<Enter>键后即开始进行备份，如图9-44所示。

　　整个备份过程需要五至十几分钟（时间长短与C盘数据多少、硬件速度等因素有关），完成后如图9-45所示。

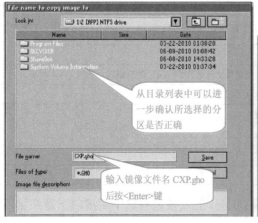

从目录列表中可以进一步确认所选择的分区是否正确

输入镜像文件名 CXP.gho 后按<Enter>键

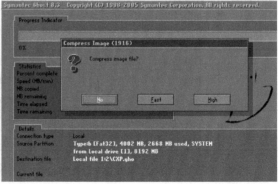

图 9-42　　　　　　　　　　　　　　　　图 9-43

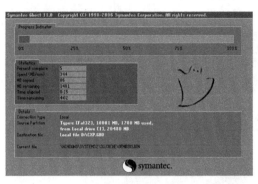

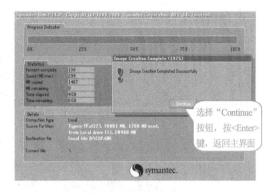

选择"Continue"按钮，按<Enter>键，返回主界面

图 9-44　　　　　　　　　　　　　　　　图 9-45

8）在主界面中，移动光标，选择Quit命令，退出Ghost程序。

9）完全退出Ghost程序后重新启动计算机进入Windows XP系统查看镜像文件，如图9-46所示。

图 9-46

> **小知识** ⭐⭐
>
> 　　扩展名为.gho的文件是备份文件，很重要，放在硬盘里面很容易被误删除，因此，建议把它改为隐藏、只读的文件。另外，备份文件命名时最好注明是哪个盘的备份，如D盘备份文件可命名为D.gho，依此类推。

任务2　使用Ghost还原系统

小张："老师，Ghost操作很简单，我来还原一下系统吧。"

老师："好的，为了查看效果，先在C盘新建几个空白文件夹。"

小张："好嘞。"

 操作指导

1）进入DOS，运行ghost.exe，启动进入主界面。

2）选择Local（本地）→Partition（分区）→From Image（还原镜像），如图9-47所示。

3）选择镜像文件所在的分区，如图9-48所示。

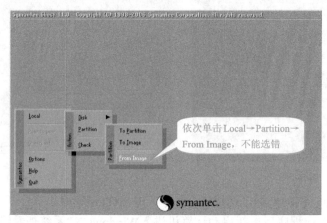

图　9-47

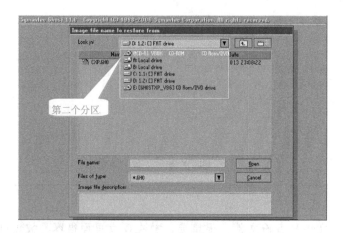

图　9-48

注意镜像文件CXP.gho是保存在D盘根目录下的，因此，应该选择第一磁盘的第二个分区"1：2[APP]NTFS drive"，按<Enter>键确认。此时用方向键选中镜像文件CXP.gho后，输入镜像文件名一栏内的文件名即自动完成输入，按<Enter>键确认后，如图9-49所示。

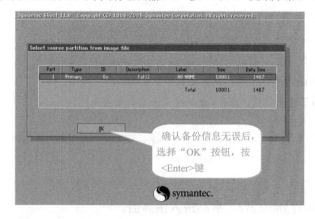

图　9-49

图9-49中显示的"Select source partition from image file"表明镜像文件备份时的制作信息（从第1个分区备份，该分区为NTFS格式，大小10 001MB，已用空间1 487MB）。

选择将镜像文件还原到硬盘，这里只有一个硬盘，直接按<Enter>键，如图9-50所示。

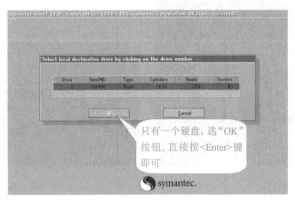

图   9-50

选择将镜像文件还原到分区，如图9-51所示。这一步要特别小心。由于还原操作是把镜像文件恢复到C盘（即第一个分区），所以这里只能选择第一项（第一个分区）。

4）系统提示即将恢复，会覆盖选中分区破坏现有数据，如图9-52所示。

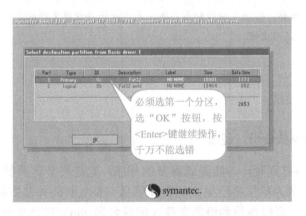

图   9-51

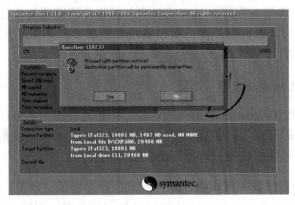

图   9-52

5）选中图9-52中的"Yes"，按<Enter>键开始恢复，如图9-53所示。

6）恢复完成，如图9-54所示，选"Continue"按钮，按<Enter>键后，计算机将重新启动。

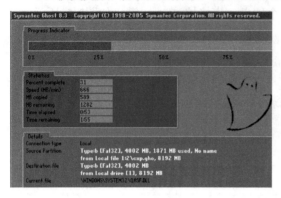

图 9-53

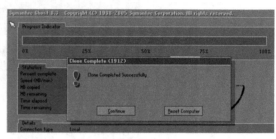

图 9-54

老师："怎么样，你在恢复前建立的几个空白文件夹还在不在？"

小张："嗯，没有了。Ghost貌似复杂，但只要把握了关键的操作还是很简单的。"

老师："哦，那你说一说备份和还原的正确流程是怎么样的。"

小张："系统备份是Local→Partition→To Image；系统还原是Local→Partition→From Image"

老师："嗯，基本没错，但还是要仔细看步骤。尤其是保存镜像文件的分区和还原时目标分区的选择千万不能出错。"

 相关知识与技能

1．什么是Ghost系统备份、还原

Ghost系统备份俗称克隆，本质是磁盘复制程序，它能将分区或整个硬盘作为一个对象进行操作，以硬盘扇区为单位将硬盘上的物理信息完整复制而并非数据的简单复制。Ghost备份支持将分区或硬盘直接备份到镜像文件（扩展名为.gho）以及将分区或硬盘直接备份到另外的分区或硬盘里（简称分区或硬盘对拷）。

Ghost系统还原，多指当系统出现问题时将之前备份的镜像文件重新覆盖原有区域使系统恢复到备份时的良好状态。要注意，系统备份的镜像文件不能装在系统盘（如果装在系统盘里，则无法覆盖了）。

2．为什么需要Ghost系统备份、还原

由于操作不当导致Windows系统崩溃的现象比比皆是，在无法解决故障时只有重新安装Windows。漫长的系统安装、复杂的驱动再加上各种软件的安装无疑是非常耗时的操作，而使用Ghost镜像还原只需短短的数分钟即可解决所有的问题。

3．什么时候备份、什么情况还原

完成操作系统及各种驱动安装后，将常用软件（如杀毒、媒体播放软件、Office办公软

件等）安装到系统所在盘，接着安装操作系统和常用软件的各种升级补丁，然后清理、优化系统，此时才是Ghost备份的最佳时机。

当系统运行缓慢时（多是由于经常安装卸载软件，残留或误删了一些文件导致系统紊乱）、系统崩溃时、感染比较难杀除的病毒时就需要进行还原了。

> 老师：　"要注意，不要动不动就Ghost，在备份和还原的时候，系统将对磁盘进行反复擦除，相当于'折腾'一番硬盘，会缩短其寿命！不到万不得已时，不要使用。"
>
> 小张：　"明白了，只有确实没办法的时候才用这个。"

4．选用什么样的Ghost程序

尽管Ghost程序版本众多（目前已发展到Ghost11），但操作界面及使用方法大同小异。本书以Ghost 8.X为例，下载Ghost程序并复制到非系统盘（推荐建立一个文件夹，比如在E盘建立文件夹Ghost，把Ghost程序和备份文件放在同一文件夹下面，以便将来寻找和操作）。

 质量评价

项目或任务	完成情况		
知道什么时候需要进行备份和还原	□好	□一般	□差
熟练掌握镜像文件制作步骤	□好	□一般	□差
熟练掌握从镜像文件还原到分区	□好	□一般	□差

 项目拓展

Windows下备份和还原非系统分区

Ghost软件系列分两个版本，即Ghost（DOS运行）和Ghost32（Windows运行），两者具有统一的界面，可实现相同的功能，但Windows系统下面的Ghost不能恢复Windows操作系统所在的分区，因此在这种情况下需要使用DOS版。

用户在Windows下如果想备份和还原除系统分区外的其他分区，可以运行Ghost32.exe。同样，备份的GHO文件不能存放到将要备份的分区下面。

思考与练习

一、简答题

1．说明使用Ghost还原系统的步骤。

2．使用Ghost镜像还原系统为什么不能在Windows XP下进行？

二、选择题

1．在WindowsXP中，为了自动加载某些程序，可以运行哪个程序进行？（　　）

　　A．convert.exe　　　B．fdisk.exe　　　C．msconfig.exe　　D．format.exe

2．为了清理注册表中的垃圾信息，可以运行哪个程序进行？（　　　）

    A．regedit.exe   B．fdisk.exe   C．msconfig.exe   D．format.exe

3．下列哪些文件类型可以作为冗余文件被手工清理？（多选）（　　　）

    A．系统文件   B．Internet临时文件

    C．临时文件   D．系统更新后产生的文件

4．"鲁大师"软件可以进行的操作是哪项？（多选）（　　　）

    A．一键优化   B．一键清理   C．硬件检测   D．性能测试

5．下列对Ghost软件的认识错误的是哪项？（多选）（　　　）

    A．系统盘的Ghost镜像文件不能放在系统盘

    B．用Ghost制作镜像的过程中主机断电不影响操作

    C．用Ghost镜像文件只能进行系统盘的还原

    D．用Ghost可以进行硬盘之间对拷

6．从镜像文件还原系统的操作是哪项？（　　　）

    A．Local→From Image→Partition   B．Local→Partition→From Image

    C．From Image→Partition→Local   D．Partition→Local→From Image

三、操作题

1．如果条件具备，请将系统盘克隆（partition to image），操作过程中请留意系统克隆时间。之后再用克隆文件恢复系统盘（partition from image），恢复过程中留意所需时间。

2．如果条件具备，在老师的帮助下，请将硬盘所有信息克隆到一个新硬盘（disk to disk），克隆过程中，特别注意源盘和目标盘不要选错。

第10章 常见硬件故障的诊断与排除

小张最近有点郁闷。朋友知道他在学校学习的是计算机专业，计算机出了故障向他求教，他却不能很快地帮助解决。

小张："老师，计算机出了故障不能工作，该从哪里下手啊？"

老师："计算机故障分成硬件故障和软件故障。硬件故障要先学会诊断，根据硬件故障现象分析可能因素，而且分析故障还要有一个明确的思路。"

听着老师的讲解，小张自觉地掏出笔记本……

本章导读

计算机出故障是每个用户都遇到过的问题。遇到故障不要盲目拆开机箱胡乱鼓捣一通，因为这样反而会使分析故障的原因复杂化，首先要做的是区分故障类型。

故障诊断是排除故障的前提。"望""闻""听""问""切"是实践中总结出的故障初步诊断的几个方法，实际上计算机故障要复杂得多，需要结合"最小系统法""逐步添加/移除法""替换法"等综合考虑。此外，诊断卡的使用，可以帮助维护人员找到主板故障的根源。本章的项目1中的几个任务详细描述了计算机故障诊断的方法、措施，给维护人员提供了一个比较详尽的解决思路。

计算机故障很大一部分出现在上电自检（POST）这个阶段。故本章的项目2重在让学生查看POST信息，并巩固了BIOS和CMOS这两个部分的知识。

本章的项目3解决开机黑屏故障，让学生认识上电自检过程，并初步运用初诊、助诊、确诊方法。

为了帮助维护人员尽快掌握常见硬件故障的诊断与排除方法，项目4的几个任务还针对CPU、内存、硬盘和显卡等几个主要部件，列举了典型故障现象及排除措施。

项目1 计算机故障诊断

小张："老师，解决硬件故障有什么规律可循吗？"

老师："你知道中医讲究'望、闻、问、切'，把它用在解决计算机故障方面有相似的道理。"

学习目标

熟练掌握硬件故障诊断的思路和一般方法。

项目任务

用"望""闻""听""问""切"五招进行故障初诊。

用"最小系统法""逐步添加/移除法""替换法"进行故障确诊。

用主板诊断卡对主板故障进行助诊。

项目分析

查找计算机故障的过程，或对计算机故障进行定位，称为故障诊断。

故障诊断的思路概括为"先粗后细、由表及里"，即根据故障表面现象，将故障可能出现的部位逐步缩小范围，直到最终确定故障组件或位置。具体而言，将故障可能发生的组件及位置圈定在一个尽可能小的范围，然后分析是硬件方面还是软件方面。如果是硬件方面，则要通过一定的判断方法，将无故障的或有故障的组件分离出来。如果是软件方面，则要分析是系统软件还是应用软件出现了问题，然后进行还原或重装。

任务1　计算机硬件故障初诊

小张："老师，我还是有点迷糊？"

老师："当然，这个思路只是一个大的原则。中医讲究'望、闻、问、切'，把它用在解决计算机故障方面也有相似的道理。"

计算机出现故障时，不要忙着打开机箱盖子，通过"望""闻""听""问""切"这5种方法来给"病机"诊断。

操作指导

望：也就是看、观察。先看主机电源灯是否亮，看显示器是否加电，看VGA线与主机箱接触是否良好，看各配件与主机板之间的接触是否良好，PS/2鼠标和键盘是否插牢，看各配件是否有明显的烧坏、烧毁痕迹。通过"望"的诊断，可以排除外部环境的影响。

闻：也就是通过嗅觉来"嗅"出机箱内是否有部件被烧坏。如电阻烧坏时有糊味，二极管、三极管烧坏时有焦味，电解电容烧爆时有一股爆米花味，电感线圈烧坏时有油漆味，滤波线圈（带有胶木骨架）烧坏时有一股特殊的电胶木糊味，而且经久不散。根据这些不同的气味，我们可判断出故障的大致范围。

听：也就是开启计算机的过程中，听是否发出异常的响声。如内存条没有插好时，一般会有"滴——滴——滴"的声音（只有部分主板例外）。有些IDE硬盘无法引导时，会有间歇性的"咔咔咔"声，说明该硬盘快"寿终正寝"了。有些主板有侦测CPU风扇转速的功能，如果上面灰尘积存太厚也会产生异响，导致停机。

问：也就是向使用者询问故障出现之前的情况。如了解使用者动过哪些部件，进行了什么软件操作，以前计算机系统的"健康状况"。通过询问，大致圈定故障范围。

切：通过触摸部件，也就是与正常运行时的温度做比较，可以判断部件是否有异常。有的主板不能加电，用手摸供电模块，异常发烫，说明该模块已经损坏。在夏天，机器工作一段时间后莫名其妙死机，用手摸机箱外壳，明显发热，说明环境散热不良，机箱内部温度过高，CPU在这样的环境下工作，造成死机。

任务2 计算机故障确诊

听过老师讲的"望""闻""听""问""切"这五招，小张顿时热血沸腾，像掌握了"葵花宝典"一样，有些飘飘然，不料老师又说："计算机维修是一件技术活，是要在工作中不断积累经验才能灵活运用的。实际上，这五招在实战中常综合运用。有时候，这五招用尽了也不一定能真正找到故障的根源，因此，以上这些方法只能叫初诊"。

操作指导

由于硬件故障现象层出不穷，有的具有极大的迷惑性。实践中还要运用以下方法进行确诊。

1．最小系统法

硬件最小系统由ATX电源、主板、CPU、内存及显卡组成。最小系统法的原理是充分利用蜂鸣器发出的声音。连接主板电源及机箱上的小喇叭线（Speaker线），开启电源，如果听到了"嘟"的一声，就说明上述几个部分没有问题。如果没有，就可以判断出故障就出在这几个部分上面。

2．逐步添加/移除法

如果上一步的最小系统通过了检测，那么就在此基础上，每次向系统添加一个部件，查看故障现象是否消失。如果故障重现，那么就可以确诊故障的根源了。

与此相反，在完整系统的基础上，逐一拔除部件，看故障现象是否消失。如果消失，则拔除的部件就是故障的根源了。

3．替换法

替换法的原理是用好的部件去替换可能出问题的部件，如果故障现象消失，则被替换的部件就是故障的根源了。替换法在实践中用得最多，尤其是在机房，可供替换的部件众多，只需要在正常工作的机器上拆下一个部件替换故障机上对应的部件，就可以迅速判断出故障的根源了。此法的局限性在于，要求维修者凭经验预先判断可能出故障的部件，否则会消耗大量的时间。

比如，某台计算机显示器已经加电但无输出显示，硬盘指示灯亮，表明主机正在工作，反复重启故障依旧。先判断可能是显示器的问题，换一台正常工作的显示器试一试。如果故障依旧，则换一张正常工作的同型号显卡试一试。如果故障依旧，则要考虑VGA接口是否完好了，依此类推。

小张：　"这些方法好是好，但对于我这样的初学者，还是有点摸不着头脑。特别是主板，有没有更容易的确诊方法呢？"

老师：　"呵呵，有！俗话说，'工欲善其事，必先利其器'，在专业的主板诊断维修场合，常离不开主板诊断卡的使用。"

小张：　"哦，我听说过，但不知如何使用。"

任务3 使用主板诊断卡助诊

计算机开机时,BIOS对主板配置的基本I/O设备进行初始化和自检,当BIOS要进行某项检测作业时,先将代表该作业的诊断代码送到PCI或ISA总线,如某项检测顺利通过,则再进入下一项作业及发出下一个诊断代码。主板诊断卡能拦截并以16进制显示诊断代码,并且保留该代码到有新的代码产生。如果计算机在自检时发生错误或死机,则根据显示的诊断代码,对照该主板的BIOS诊断代码含义表,就可以了解问题出在什么地方。

 操作指导

如图10-1所示是使用主板诊断卡的方法。在数码管中显示的红色代码称为POST代码。每一款主板诊断卡附带的说明书都可以查POST代码的含义。

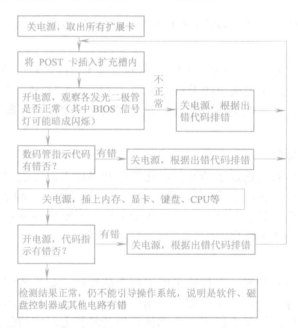

图 10-1

POST代码含义是按照代码值从小到大排序,诊断卡中出码顺序由主板BIOS确定。目前BIOS厂商总共有三家,即AMI、Award和Phoenix,它们各自的POST代码含义不同,但有一些POST代码含义是共通的,见表10-1。

表 10-1

代码	含义
00	初始状态
FF	对所有配件的一切检测都通过了
0D	显卡没有插好或者没有显卡
C1	内存读写测试出错,或内存条不稳
2B	软驱或硬盘控制器出现问题

相关知识与技能

一、计算机故障类型

因为部件物理性损坏或软件设置不当而造成的系统不能正常工作的现象，称为计算机故障。

一般而言，计算机故障分成两大类，即硬件故障和软件故障。软件故障将在第11章讲述。

1．硬件故障从范围上分成主板级故障、插卡级故障

主板级故障是指由于主板的电路、电子元器件出现物理性损坏，而导致系统不能正常工作的现象。因主板电路设计不合理致使系统工作不稳定的现象，也属于主板级故障。主板级故障出现后，要由专业人员用专业工具进行修复。

插卡级故障是指因CPU、内存条、显卡、网卡、声卡、存储设备数据线接口、电源接口、外设接口与主板插接不牢固、贴合不紧密而导致系统不能正常工作的现象。插卡级故障出现后，除由专业人员维修外，可另购一块替换。

2．从故障实质上分成真故障和假故障

真故障是指因主板、各种插卡、外设等出现电气、机械等物理性损坏，而导致系统功能丧失或根本不能开机的现象，比如无屏幕输出、不能播放声音。真故障出现后，或由专业人员修复，或重新购买一块替换。

假故障是指系统内部各部件、外设完好，但由于安装不当、设置不正确或环境因素（如电压不稳、过分超频），而造成系统不能正常工作的现象。如把计算机挪动位置后重新开机，出现"滴——滴——滴"的声音，是因为内存条松动了，而不是损坏了，重新插拔内存条几次后，计算机又可以正常工作了。又如在机箱内新安装一块硬盘后无法进入系统，是由于硬盘的主从盘设置不正确，而不是硬盘真的损坏了。在日常生活中，大多数故障都属于假故障，可由维护人员进行简单处理即可。

二、主板诊断卡的工作原理

主板诊断卡也叫POST卡（Power On Self Test）或PC分析仪。由于POST的含义是上电自检，也有人称主板Debug卡。其工作原理是利用主板中的BIOS内部自检程序的检测结果，通过代码一一显示出来。结合POST代码含义就能很快地知道计算机故障所在。尤其在计算机不能引导操作系统、黑屏、蜂鸣器不叫时，使用主板诊断卡更能体现其便利性。

> **小知识** ⭐⭐
>
> 在每次开机时，系统检测的过程大致为加电→CPU→ROM BIOS→系统时钟→DMA控制器→64KB上位内存→IRQ中断→显卡等各个组件进行严格测试，这个过程称之为关键性检测。任何关键性部件有问题，计算机都将处于挂起状态。
>
> 检测完显卡后，计算机将对其余的内存、I/O口、软硬盘驱动器、键盘、即插即用设备和CMOS设置等进行检测，并在屏幕上显示各种信息和错误报告。这期间检测到的故

障，称为非关键性故障。此时如果有不正常的设备，就会在相应的检测部位停下来并报告错误信息，提示用户下一步的操作。如果一切正常，计算机将设备清单在屏幕上显示出来，并按CMOS中设定的启动路径，装载引导程序启动系统。

三、认识主板诊断卡的结构

主板诊断卡按侦测错误的数量类型，可分成4位卡与2位卡。现在市场上以4位卡居多。卡上有4个数码管就是4位诊断卡。按插槽类型，可分成ISA、PCI、USB和LPT四种类型。但很多诊断卡通常可以同时支持多种插槽类型，如图10-2所示，该卡插在计算机的ISA插槽和PCI插槽上都能工作。图中序号所指的各组成部分名称及功能如下。

4
3
5
2
1
NEXT SEVEN SEGMENT LED
ISA BUS
PCI BUS

图 10-2

1）PCI接口金手指。防反设计。

2）ISA接口金手指。小心插反，使用前要仔细阅读产品说明书。

3）指示灯。左边四个分别用于检测-12V、+12V、+5V、+3.3V电源。这四个LED灯应该足够亮，否则表明开关电源输出不正常，或者是主板对电源短路或开路。右边四个为状态指示灯，标记为CLK、IRDY、FRAME、RESET。CLK灯为时钟灯，正常为常亮。IRDY灯为主设备就绪灯，正常为常亮。FRAME灯为周期灯，PCI槽有循环帧信号时灯才闪亮，平时常亮。RESET灯为复位灯，正常重新启动时瞬间闪动一下，然后熄灭。

4）数码显示管。显示当前出错的代码（16进制值表示）。如果当前检测项目正常，则数码管上的数字几乎无法分辨就很快跳过。如果当前检测项目不正常，则数码管上的数字就是出错代码，对照说明书很快就能查清故障源。

5）数码显示管。显示上一步出错的代码（16进制值表示）。

四、查看开机POST画面的秘密

机器组装结束后即使不装操作系统也可以进行加电测试（POST），POST的主要任务是检测系统中的一些关键设备是否存在和能否正常工作，如CPU、内存和显卡等。这个过程用户几乎感觉不到。如果这个过程没有问题，就会将检测到的信息显示在屏幕上。这个画面俗称POST画面。相反如果检测有问题，显示器就会黑屏。

POST画面分成三个。首先是关于显卡的，如图10-3所示。

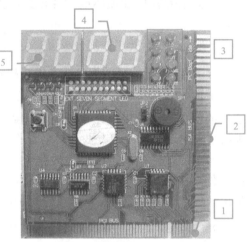

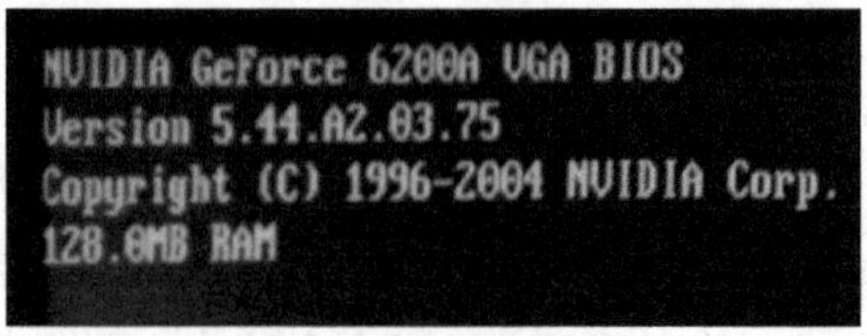

NVIDIA GeForce 6200A VGA BIOS
Version 5.44.A2.03.75
Copyright (C) 1996-2004 NVIDIA Corp.
128.0MB RAM

图 10-3

接下来是关于主板ROM-BIOS、CPU、内存、磁盘控制器等信息，如图10-4所示。

当以上大部分部件检测都没有致命错误时，会进入如图10-5所示画面。列出总线、IRQ中断号及其他输入输出源。系统准备引导进入操作系统了。

图 10-4   图 10-5

小张："老师，POST画面一闪而过，几乎看不清楚就跳过去了。"

老师："要想看清楚的话，记得及时伸手按住"PAUSE"（暂停）键。"

小张："哦。POST画面有那么重要吗？"

老师："当然。好多软硬件错误都可以从上面分析出来。而且高明的维护人员能从中看出机器的配置如何。因此，要花点时间去研究。"

 质量评价

项目或任务	完成情况		
掌握了计算机故障初步诊断有哪些方法	□好	□一般	□差
掌握了计算机故障确诊有哪些方法	□好	□一般	□差
掌握了用主板诊断卡助诊的主要步骤	□好	□一般	□差
知道计算机开机自检的一般过程	□好	□一般	□差

项目2　查看开机自检信息

 学习目标

1）了解计算机启动自检过程。

2）熟练掌握查看开机自检信息（POST信息）的方法。

 项目任务

在实验机上查看开机自检信息。

项目准备

学生机若干台。尽量一人一台机器，可以为多种主板BIOS。

操作指导

1．训练步骤

开机时因为POST画面会一闪而过，所以要及时按暂停键（一般为PAUSE键）。有时为了看清楚，需要多次重启计算机并按暂停键。

2．训练记录

显卡	品牌/系列/型号	
	显卡BIOS版本	
	显存容量	
主板BIOS	BIOS厂商	□AMI　□Award　□Phoenix　□其他
	版本	
	进入设置程序时按键	□Del　□F2
CPU	厂商	□Intel　□AMD
	主频	（　　　）GHz
	倍频（如果有）	
内存	种类	□SDRAM　□DDR　□DDR2
	厂商	
	容量	
磁盘驱动器	第一主盘（如果有）	
	第一从盘（如果有）	
	第二主盘（如果有）	
	第二从盘（如果有）	

项目3　解决开机黑屏故障

学习目标

1）掌握基本的故障诊断方法。

2）了解计算机启动自检过程。

3）掌握主板诊断卡的应用方法。

项目任务

1）用"望""闻""听""问""切"5种方法初诊计算机故障。

2）用"最小系统法"确诊计算机故障。

3）用主板诊断卡查看POST代码。

项目准备

一台黑屏但可以排除故障的计算机，4位主板诊断卡，泡沫塑料，十字螺钉旋具等装机工具。

操作指导

1. 训练步骤

1）用"望""闻""听""问""切"五法初诊，并作记录，如不能解决问题则进入下一步。

2）打开机箱，拔下网卡、声卡、硬盘数据线、光驱数据线及其他外设。组建最小系统，并作记录，用"最小系统法"确诊。

3）用主板诊断卡帮助确诊。

2. 训练记录

初诊	主机电源线是否接好	☐是 ☐否
	显示器电源线是否接好	☐是 ☐否
	显示器亮度按钮是否调到最暗	☐是 ☐否
	开机时是否闻到异常味道	☐是 ☐否
	开机时蜂鸣器有没有叫声	☐有 ☐无
	蜂鸣器叫声描述（如果有）	
	上次工作时的健康状况或进行了哪些操作（可问老师）	
	问题解决了吗	☐解决了 ☐还没有
确诊	最小系统构成有哪些	☐CPU ☐CPU风扇 ☐主板 ☐内存条 ☐显卡 ☐网卡 ☐硬盘光驱 ☐电源
	最小系统是否点亮	☐是 ☐否
	CPU是否插牢	☐是 ☐否
	内存条是否插牢	☐是 ☐否
	显卡是否插牢	☐是 ☐否
	问题解决了吗	☐解决了 ☐还没有
助诊	主板诊断卡型号	
	主板诊断卡接口类型	☐PCI ☐ISA ☐USB ☐多种接口
	主板诊断卡位数（看数码管数）	☐2位 ☐4位
	电源灯检测规格有哪些（勾选）	☐-12V ☐+12V ☐+5V ☐+3.3V
	状态灯标记有哪些（勾选）	☐CLK ☐IRDY ☐FRAME ☐RESET
	电源灯是否常亮	☐是 ☐否
	CLK灯是否常亮（如果有）	☐是 ☐否
	RESET灯是否常亮（如果有）	☐是 ☐否
	检测停止时数码管显示值是多少	
	问题解决了吗	☐解决了 ☐还没有

项目或任务	完成情况		
能用"望""闻""听""问""切"五法初诊，并作记录	□好	□一般	□差
能用"最小系统"法确诊，并作记录	□好	□一般	□差
掌握了用主板诊断卡助诊的主要步骤	□好	□一般	□差

项目4 常见硬件故障的诊断与排除

任务1 CPU故障现象与排除

现象1：加电无反应或频繁死机。

分析：当按下机箱上的电源开关后，显示器黑屏、计算机无任何反应或是正常使用中的计算机经常出现死机、重启等故障。如果排除了主板、电源、显卡等其他部件的故障之后，则一般是由CPU造成的。

处理：卸下CPU风扇，首先看CPU是否插牢。若未能解决问题，拔下CPU，看针脚是否被氧化。若还未能解决问题，就只有用主板诊断卡了。

现象2：超频后无法开机，散热风扇转动正常，而硬盘灯只亮了一下便没了反应，显示器也维持待机状态。

分析：过度超频会造成计算机无法启动。想要成功地超频，不仅与用户技术有关，而且与CPU自身的素质、选择的主板、散热器以及内存等，也有着很大的关系，特别是主板，选择一块做工用料扎实、品质口碑好的主板，也就意味着超频成功了一半。

处理：因为此时无法进入BIOS画面，所以只有恢复CMOS的默认配置。通过放电或短路的方法均可。

总之，CPU出现故障时通常表现为：
- 加电后系统没有任何反应，就是通常所说的"点不亮"。
- 计算机频繁死机，即使在CMOS或DOS下也会出现死机的情况。
- 计算机不断重启，特别是开机后不久出现连续重启。
- 计算机整体性能出现较大幅度的下降。

任务2 主板故障现象与排除

现象1：开机后，显示器电源指示灯亮，但无信号输出，无自检声，键盘灯在通电时一闪即灭，硬盘无启动运行声，按重启键反复几次，故障依旧。

分析：显示器黑屏，可能有3个原因，即显示器损坏、CPU接触不良、显卡损坏。于是打开机箱，拔掉硬盘、光驱和软驱与主板的连线，将系统最小化后通电开机，故障依旧。由

计算机组装与维护实训教程

于显卡为主板集成，断定不是CPU损坏就是主板存在问题。将CPU拆下后拿到其他计算机上测试运转正常。显然，主板存在问题。

处理：主板表面已积满灰尘。拆下主板后，用软毛刷将灰尘初步清扫一遍，然后用电吹风将各个插槽中的灰尘吹去。用放大镜仔细检查主板，发现Socket370 CPU接口旁边的一个电解电容（1000μF/10V）外皮有轻微开裂变形，而且两只引脚边上有白色漏液痕迹，由此怀疑该电容是故障成因。用尖嘴烙铁小心卸下该电容（为了防止烙铁静电对主板的损坏，最好将烙铁加热后再断电使用），找一只同类型的电容换上，插上CPU和内存后通电，计算机运行正常，故障排除。

现象2：计算机频繁死机，在进行CMOS设置时也会出现死机现象。

分析：主板设计散热不良或者主板Cache有问题引起的。

处理：如果因主板散热不够好而导致故障，则可以在死机后触摸CPU周围的主板元件，若非常发烫，则更换大功率风扇可以解决。如果不行，则主板Cache更换非常麻烦，建议重购一款主板。

现象3：CMOS设置不能保存。

分析：一般主板电池电压不足会出现不能保存CMOS参数的现象。

处理：更换新的CMOS电池。如果问题不能解决，则首先要看主板CMOS跳线是否有问题，其次就要考虑主板电池是否存在漏电的可能。

总之，主板出故障时通常表现为系统启动失败、屏幕无显示及系统不稳定等难以直观判断的现象。一般通过最小系统法、逐步移除法在排除其他组件可能出现故障后才将目标最终锁定在主板上。下列情况容易造成主板故障：

- CMOS跳线接错或电池没电。
- 没有安装主板出厂时自带的驱动程序。
- 接触不良、短路。初学者在组装时将一些螺钉、工具乱放，极易短路。
- 主板散热效果不佳。
- 主板与各部件间的兼容性问题。
- BIOS模块损坏。可能是因为刷新BIOS模块时失败，也可能遭到CIH等病毒的恶意修改。

任务3 显卡故障现象与排除

现象1：计算机开机时有报警声（Award BIOS，一长两短的蜂鸣声），无自检画面，以及自检无法通过。

分析：上电自检过程中，若能听到报警声音，则证明关键的部分已经通过，只能是显卡的故障了。

处理：看显卡是否与主板插牢或者看显卡插槽及电路是否有问题。

现象2：屏幕颜色显示不正常。

分析：可能原因是显卡与显示器信号线接触不良，显示器故障或者显卡损坏。

处理：关闭显示器电源，重新连接信号线（切勿带电操作）。如果不能解决问题，就更换一台显示器试一试。如果还不能解决问题，就要考虑是否显卡上的显存已经损坏。

现象3：显卡驱动程序载入，运行一段时间后显卡驱动程序丢失。

分析：肯定不是显示器的原因。可能是显卡质量不佳或显卡与主板不兼容。

处理：只有更换显卡。

现象1：开机时无显示，但显示器和主机箱电源指示灯亮，只听到"嘀——嘀——嘀——"的声音。

分析：这是典型的内存条未插牢的原因，或者计算机长时间不用，内存条金手指因接触空气而氧化生锈。

处理：拔出内存条，用橡皮擦反复擦金手指，直到光亮时为止。

现象2：一台品牌机，配有Hynix 128MB内存条，后来添加了一条日立128MB内存条，但主板认出的内存总容量只有128MB。

分析：经过测试，在该机器上，两条内存可分别独立使用，但一起用时只能认出128MB。由于电气性能的差别，内存条之间有可能会有兼容性问题，该问题在不同品牌的内存条混插的环境下出现的几率较大。

处理：换同品牌的内存条。

总之，内存出现故障时有下列现象：

● 计算机启动时屏幕无显示或不能通过上电自检（POST），通常伴随有喇叭的"嘀——嘀——嘀——"声音。

● 计算机可以启动，但启动后立即死机，或系统在运行的过程中突然死机。

● 在Windows中经常产生非法错误、注册表遭莫名损坏、多次自动重启等。

● 内存容量不足。

现象1：一般是开机自检时，屏幕显示"HDD Controller Error（硬盘控制器故障）"或显示"DISK 0 TRACK BAD……"，而后死机。进入BIOS中仍然无法对硬盘进行设置。

分析：这是硬盘0磁道错误的表现。

处理：

1）接上一只正常的硬盘并设为Master盘，而0磁道故障硬盘同样设为Master，只接电源线，不接数据线。

2）开机，运行Norton 2000的DiskEdit（磁盘编辑），在Tools（工具）菜单中选择Configuration（配置），将Read Only（只读）复选框中的只读属性取消。在Object（目标）菜单中选择Drive（驱动器），然后选择C:/Hard Disk（C盘），并将Type（类型）设置成Physical Disks（物理磁盘）。接着在Object（目标）中选择Partition Table（分区表）项，将完好硬盘的主引导记录（MBP）和分区表信息读取到内存中。

3）将正常硬盘上的信号线拔下并接到0磁道故障硬盘上。

4）从Tools（工具）菜单中选择Write Object To（目标写入至），选择To Physical Sectors

（至物理扇区）后选择OK项，然后选择Hard Disk1后单击OK按钮；从Write Object to Physical Sectors（目标写入至物理扇区）对话框中，将Cylinder（柱面）、Side（盘面）、Sector（扇区）分别设置成0、0、1后选择OK，当出现"警告"对话框时选择Yes项。

5）退出DiskEdit并重新启动计算机。进入BIOS重新设置硬盘参数，并对硬盘重新分区。

现象2：系统从硬盘无法启动，从软盘（A驱）启动也无法进入硬盘。

分析：这种故障大都出现在接口电缆或者IDE端口上，硬盘盘体本身故障的可能性不大。

处理：通过重新插接硬盘电缆或改换IDE口及接口电缆试一试，如果顺利的话一般可以发现故障所在。另外，如果在BIOS中设置了禁用某IDE口，则也将无法找到硬盘。

老师："小张，本章学完后收获挺大的吧？"

小张："相当的大。比较有印象的是故障初诊、确诊，哦，还有用主板诊断卡来助诊。"

老师："那你说说看哪些方法可以用来确诊吧。"

小张："最小系统法、替换法、逐步添加/移除法。"

老师："其实不止这几种方法，在长期的实践中还可以总结出其他方法。总之，硬件故障诊断是维修的基础，技能是需要在实战中得以提高的。"

学习完本章，小张觉得自己特充实，至少硬件出了问题后不会无处着手了。

思考与练习

一、填空题

1．计算机故障分成两大类，即_____故障和_____故障。

2．硬件故障从范围上分成_____故障_____故障。

3．最小系统法的原理是充分利用_____发出的声音。

4．主板诊断卡的工作原理是利用主板中的_____的检测结果，通过代码一一显示出来。

5．在检测系统中的一些关键设备时如果出现问题，则显示器就会_____。

二、选择题

1．主板上的电解电容烧爆时有一股（　　　）。

　　A．焦味　　　　　B．爆米花味　　　　C．油漆味　　　　D．电胶木糊味

2．开机启动时黑屏，伴有喇叭"滴——滴——滴——"声音可能是（　　　）故障。

　　A．内存条没插牢　B．CPU没插牢　　　C．显卡没插牢　　D．硬盘没接好

3．计算机工作时出现间歇性的"咔咔咔"，伴有硬盘指示灯狂闪不止，可能是（　　　）故障。

　　A．CPU　　　　　B．内存　　　　　　C．硬盘　　　　　D．显卡

4．开机自检关键性部件中，最后一个被检测到的是（　　　）。

　　A．系统时钟　　　B．DMA控制器　　　C．IRQ中断　　　D．显卡

5．主板诊断卡上代表时钟灯的标记为_____。

6. 主板诊断卡上数码管上显示为FF，其含义为（   ）。

    A. 初始状态
    B. 对所有配件的一切检测都通过了
    C. 显卡没有插好或者没有显卡
    D. 内存读写测试出错，或内存条不稳

7. 加电无反应或频繁死机，最有可能是（   ）故障。

    A. CPU   B. 内存   C. 硬盘   D. 显卡

三、简答题

1. 简要描述开机黑屏故障的处理步骤。

2. 简要描述CPU故障的一般现象。

3. 简要描述内存故障的一般现象。

第11章 常见软件故障的诊断与排除

在第10章中，小张在老师的带领下进行了硬件故障的诊断与排除，掌握了不少的技能。善于思考的小张并不觉得满足，这不，他又向老师主动请教了。

小张："老师，该如何处理软件故障呢？"

老师："首先还是要认识一下软件故障的知识。"

 本章导读

如果计算机在"非暴力"情况下使用，出现故障频率最多的当属软件级故障。

但引起软件故障的原因太多，有时无法确认到底是哪款软件出现问题，因此，本章的项目1归纳了引起软件故障的几大原因。教会学生从几个方面来认识软件故障，做到心中有数。

项目2的几个任务分别教学生如何解决启动软件故障、安装软件后的故障、关机故障、蓝屏故障。

开机时找不到启动路径是比较常见的软件故障。本章的项目3不仅巩固了CMOS参数设置的一些技能、多个IDE硬盘接驳技能，还提供了一个解决此类故障的一般思路，在实践中具有非常重要的指导意义。

项目1   诊断并排除常见的软件故障

 学习目标

学会分析软件故障产生的原因，掌握基本的故障排除方法。

 项目任务

1）解决系统启动故障。

2）解决安装软件后的故障。

3）解决关机故障。

4）解决蓝屏故障。

 项目分析

在使用计算机的过程中，软件出现故障的概率远大于硬件，比如，软件无法打开运行，或者运行的过程中出现内存错误，或者出现蓝屏，或者先前配置信息丢失等。面对这些故障，不要盲目重装系统，也不要轻易还原系统，而是要分清楚故障产生的原因，对症下药。

引起软件故障的原因主要可归结为以下几个方面。

1）病毒或木马。病毒发作时，系统运行异常缓慢，有的执行文件无法运行。木马潜伏在计算机中时，一般表现为服务程序增多，而且服务名称几乎一眼就能分辨出来。

2）驱动程序。比如，有的硬件驱动程序与操作系统有冲突，造成安装后无法正常关机。在Windows 98环境下有的硬件安装驱动后会与现有的硬件争用IRQ中断资源，造成无法使用，有的硬件在更新驱动程序后造成无法正常启动操作系统。

3）BIOS设置不当。BIOS设置程序负责对主板部件工作参数进行设置、优化和保存。但如果设置不当，轻则系统工作不稳定，重则无法开机。比如，过分超频，把倍频系数设得过大，有可能开机不久就死机。再比如片面追求内存性能，把内存时序参数设置得过低，导致运行时频频蓝屏，甚至无法开机。

4）Windows系统配置不当。Windows系统配置集中体现在注册表文件中。如果该文件遭到损坏或病毒攻击，轻则应用软件注册信息丢失，无法继续使用，外设不能正常工作。重则注册表被禁用，应用软件无法安装。

5）应用软件。由于软件使用不当，操作失误，或者由于应用软件本身存在着缺陷和漏洞，导致运行失败。

任务1　系统启动故障诊断与排除

操作指导

操作系统的启动故障主要是由以下原因造成的：系统找不到启动路径、系统文件遭到破坏或者启动菜单文件丢失。下面分别予以说明。

1. 找不到启动路径

Windows在启动时会在硬盘的基本DOS分区（主分区）寻找启动文件。如果找不到则会报错。常出现在最后一个POST画面的最下方。提示"reboot and select proper boot device or insert boot media in select boot device"。

操作指导

1）开机时迅速按<Pause>键，查看能否检测到硬盘。如图11-1所示，BIOS检测到IDE设备都为None（空）。

处理方法，进入BIOS设置程序，在"标准CMOS设置"中查看是否将IDE通道设为"Disabled（禁用）"。

2）确认硬盘在使用前是否存在主分区以及主分区是否激活。操作步骤为启动fdisk.exe程序，

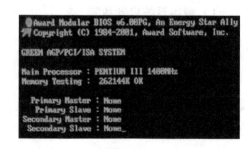

图　11-1

查看对应的主分区的"Status"项下有没有"A"标记。

2．系统文件遭到破坏

比如，一台装有Windows XP操作系统的计算机，在启动画面出现后，提示文件损坏，如图11-2所示。

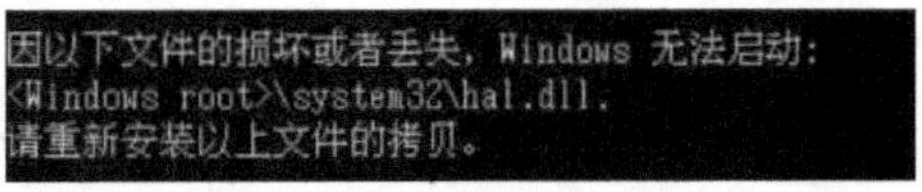

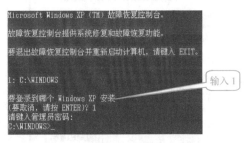

因以下文件的损坏或者丢失，Windows 无法启动：
<Windows root>\system32\hal.dll。
请重新安装以上文件的拷贝。

图 11-2

分析：导致此故障的原因是hal.dll文件丢失或者损坏造成的。

 操作指导

首先需要进入Windows故障恢复控制台，重新从Windows XP的安装文件上提取一个新的hal.dll文件，覆盖到原文件所在的目录即可。操作步骤如下。

1）将Windows XP安装光盘放入光驱，引导到Windows XP的安装程序画面如图11-3所示，按<R>键进入故障恢复控制台，如图11-4所示。

2）出现提示信息，询问登录到哪个Windows XP系统。输入1后，按<Enter>键，然后系统询问管理员密码，按其要求输入管理员密码。

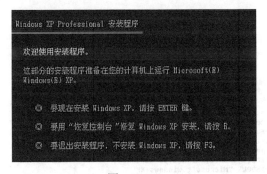

图 11-3

图 11-4

3）在命令提示符下输入命令。损坏的文件被从光驱中释放到C:\WINDOWS\system32目录下面。重启计算机即可，过程如图11-5所示。

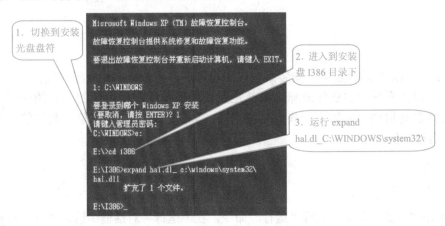

图 11-5

3．启动菜单项错误

现象：Windows XP系统出现故障，重新安装后启动菜单项里多了一项"Previous Operating System on c:"，选该项后无法启动。

诊断：安装多操作系统，或者覆盖安装操作系统时启动文件出故障引起的。

操作指导

1）切换到系统盘C，执行"工具"→"文件夹选项"命令，打开如图11-6所示的对话框，在"查看"页签下设置"隐藏文件和文件夹"的显示方式，将"显示所有文件和文件夹"选中后，单击"确定"按钮。

2）找到boot.ini文件，双击打开。

3）然后找到并删除"C:\=" Previous Operating System on c:" ""项即可解决问题，如图11-7所示。

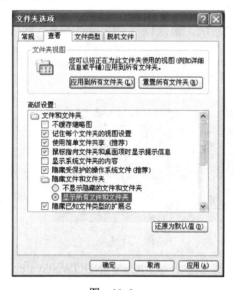

图 11-6

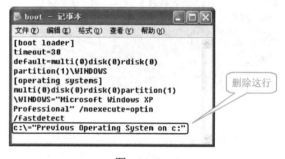

图 11-7

任务2 安装软件后的故障诊断与排除

现象：之前系统运行正常。安装某个应用程序后，系统运行速度极其缓慢。

诊断：操作系统中的软件故障许多都是在安装其他程序后出现的。有的应用程序会在系统启动时自动启动，例如，一些病毒或木马。如果出现了这个现象，则只能禁用该应用程序的自启动功能。

操作指导

1）单击"开始"菜单，执行"运行"命令，在"运行"对话框中输入"msconfig.exe"，打开"系统配置实用程序"对话框，如图11-8所示。

2）仔细查看启动项目，有些应用程序如果不需要自动启动，则会清除项目的复选框，如图11-9所示。

按提示要求重新启动计算机即可排除故障。

图 11-9

图 11-8

小知识 ★★

注意，只有Windows 98/XP/2003提供了msconfig.exe应用程序，同样可以复制到Windows 2000系统中使用。即使计算机没有出故障，也可以通过这种方法优化系统，提高开机速度和运行速度。

任务3　关机故障诊断与排除

1. 自动关机故障

自动关机是通过操作系统支持的ACPI（Advanced Configuration and Power Interface，高级系统配置和电源管理）技术来实现的（当然ACPI的功能不仅是自动关机）。该技术要求主板控制芯片和其他I/O芯片与操作系统建立标准的联系通道，使操作系统可以通过瞬间软电源开关进行电源管理。因此，只有在硬件（控制芯片）、电源（ATX电源）及操作系统（Windows 98以上版本）都支持ACPI技术的前提下，自动关机才能实现。

现象：Windows XP系统执行"开始"→"关机"命令，屏幕变暗，却始终不能切断电源。

诊断：只有在硬件（控制芯片）、电源（ATX电源）及操作系统（Windows 98以上版本）都支持ACPI技术的前提下，自动关机才能实现。

操作指导

在BIOS设置中，必须把"ACPI Function"设置为"Enabled"；同时必须启用APM（高级电源管理）功能。

如果还是不能实现自动关机，则有几种可能。

215

1）系统文件中自动关机程序有缺陷。如果运行"rundll32 user.exe，exitwindows"也不能正常关机，则可能是操作系统中某些系统程序有缺陷。处理办法是修补系统或者重新安装系统。

2）病毒和某些有缺陷的应用程序或者系统任务有可能造成关机失败。首先查杀病毒，然后运行"msconfig.exe"系统配置实用程序，逐项地去掉可能产生故障的程序。

3）外设和驱动程序兼容性不好。逐个卸载外设进行检查，以便找到有影响的外设。

4）在关闭Windows时使用声音文件，当该文件被破坏时也可以造成关机失败。执行"控制面板"→"声音和音频设备属性"命令，选择"退出Windows"项，把声音名称设置为"无"，如图11-10所示。

2. 倒计时关机故障

现象：在Windows XP中，运行一段时间后，突然弹出如图11-11所示的对话框，要求重新启动，当前进行的工作无法保存，鼠标不能到对话框外面点击。

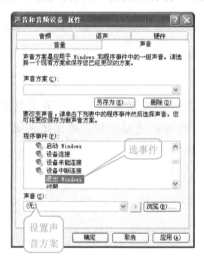

图 11-10

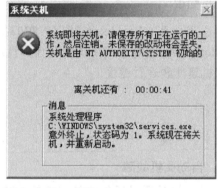

图 11-11

诊断：中了"三波"病毒中的任何一种后，计算机就会弹出对话框说Windows的services.exe意外终止，一分钟后计算机重启，然后开始倒计时。所谓"三波"病毒，即冲击波病毒、震荡波病毒和急速波病毒。

 操作指导

到微软官方网站下载专用补丁，安装后，用杀毒软件进行查杀。

任务4　蓝屏故障诊断与排除

使用Windows的人都有被"蓝屏"的经历，在Windows 98时代更是频频出现。Windows XP时代要好一些，但仍时不时被"蓝屏"现象困扰。

产生"蓝屏"的机理很复杂，可从以下几个方面考虑。

1）内存条的质量和容量。有的程序运行时会频繁进行内存调用，劣质内存条可能引发

操作系统出错。

2）过度超频。

3）驱动更新失败。

4）重要系统文件丢失或损坏。

5）病毒影响。

图11-12所示为一个典型的"蓝屏"图，图中分成几个区域说明。

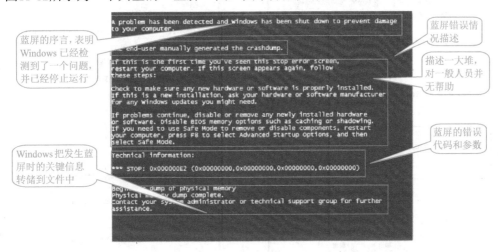

图　11-12

小知识 ★★

蓝屏的转储信息，也称为Dump信息，位于C:\windows\system32下面。

在这个画面中，系统对当前内存中的内容进行写入操作，并在系统目录下生成一个扩展名为dmp的文件。

出现蓝屏的原因很复杂，一般从两个方面着手。

1）记录下蓝屏的错误代码和参数，到相关网站上寻求解决办法。

2）利用生成的DMP文件，进行调试。步骤如下。

从微软的网站下载安装WinDbg调试软件。运行WinDbg.exe。执行"File"→"Open Crash Dump"命令，如图11-13所示，打开位于系统盘的以日期为文件名的DMP文件，打开后程序就开始自动分析文件了，分析完后，找到"Probably caused by"这一行，其后面的文件就是引起蓝屏的"罪魁祸首"，如图11-14所示。

图　11-13

图　11-14

第11章 常见软件故障的诊断与排除

217

调试完毕后，一般情况下，用户完全可以删除扩展名为.dmp的文件，或者不让系统生成DMP文件。方法是在"我的电脑"上单击鼠标右键，在"系统属性"对话框的"高级"选项卡中进行操作，如图11-15所示。打开"启动和故障恢复"对话框，在"写入调试信息"下拉列表中选中"无"，如图11-16所示。

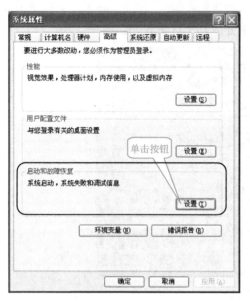

图　11-15

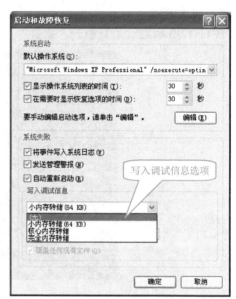

图　11-16

 质量评价

项目或任务	完成情况		
能总结出软件故障原因有几个方面	□好	□一般	□差
能分析安装软件后的故障原因	□好	□一般	□差
能分析不能正常关机的故障原因	□好	□一般	□差
能分析系统启动故障的原因	□好	□一般	□差

项目2　解决开机找不到启动路径的故障

 学习目标

1）深刻理解BIOS设置对系统启动的影响。

2）学会识别开机检测画面中的内容。

3）学会在BIOS中启用或禁用硬盘接口。

4）正确设置启动路径。

5）学会正确接驳硬盘数据线。

项目任务

1）进行BIOS启动参数设置。
2）调整接口，观察在自检画面中的信息内容。

 项目准备

一台找不到启动路径的计算机。

 操作指导

1. 训练步骤

1）开机，迅速按<Pause>键，观察自检信息，并作记录。
2）观察硬盘启动不成功的信息，并作记录。
3）拆开机箱，检查数据线，并作记录。

2. 训练记录

观察自检信息	第一IDE主设备	
	第一IDE从设备	
	第二IDE主设备	
	第二IDE从设备	
	启动失败后的提示信息	
打开机箱后观察	硬盘是否接数据线	□是　□否
	数据线是否接好（比如插头是否插正，方向是否插反等）	□是　□否
	电源线是否插好	□是　□否
	问题找到了吗	□解决了　□还没有解决
进入BIOS设置	第一IDE主通道状态	□Auto　□Disabled　□其他
	第一IDE从通道状态	□Auto　□Disabled　□其他
	第二IDE主通道状态	□Auto　□Disabled　□其他
	第二IDE从通道状态	□Auto　□Disabled　□其他
	第一启动盘设置	□IDE0　□IDE1　□IDE2　□CD-ROM
	第二启动盘设置	□IDE0　□IDE1　□IDE2　□CD-ROM
	是否检测其他可启动盘	□是　□否
	问题找到了吗	□解决了　□还没有解决

小张："老师，如果经过以上的处理步骤后，还是找不到启动路径，该如何办理呢？"

老师："上面的实战过程是首先要进行的步骤，大多数基于BIOS设置的软件级错误和线路接驳的错误都能够得到排除。但硬盘片损坏、数据线损坏时，BIOS检测不到硬盘的存在……"

小张（有些按捺不住地）："能不能用替换法挨个检查呢？"

老师："你说得太对了，要不要来试一试？"

"好嘞。"小张情绪高涨，劲头十足地动起手来……

项目或任务	完成情况		
能看懂开机自检信息	□好	□一般	□差
能打开机箱检查数据线和电源线	□好	□一般	□差
能进入BIOS检查IDE通道情况	□好	□一般	□差

项目3 驱动程序管理和维护

学习目标

了解硬件驱动程序故障的常见现象。

掌握用"驱动精灵"软件查找合适的驱动程序、更新驱动程序、备份驱动程序和还原驱动程序的方法。

项目分析

因为驱动程序是计算机硬件与操作系统的"桥梁",所以它的重要性不言而喻。

由于大多数驱动程序运行在内核模式,它的错误经常造成系统严重的不稳定,例如,蓝屏、花屏、黑屏、卡机、硬件莫名丢失等。在预安装Windows 7操作系统时,如果不使用经过数字签名的驱动程序,则它可以被木马篡改,极可能造成Windows操作系统的崩溃。如果显卡驱动程序损坏或安装的版本不正确,Windows 7操作系统将可能出现如图11-17所示的提示信息。

图　11-17

驱动程序工作在硬件层级,一般用户感觉很难掌握。系统重装且驱动光盘丢失时,查找众多的硬件驱动程序,是一件麻烦的事情。最好的办法是用一个"专业级"的工具软件帮助查找和安装合适的驱动程序。在系统工作一切正常时,备份驱动程序,遇到问题时,恢复到正常状态。

任务1　查看本机硬件驱动程序

操作指导

查看本机硬件驱动程序时,在桌面上"我的电脑"图标上单击鼠标右键,在弹出的快捷菜单中，选择"属性命令"，操作过程如图11-18所示。

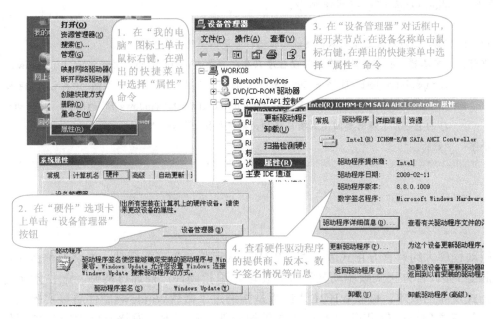

图　11-18

在图11-18中，硬件驱动程序有数字签名一项，它的含义是该驱动程序已经过微软WHQL（Windows硬件质量实验室）的认证。但如果没有认证，则在安装驱动程序时，会弹出"硬件安装"对话框，如图11-19所示。

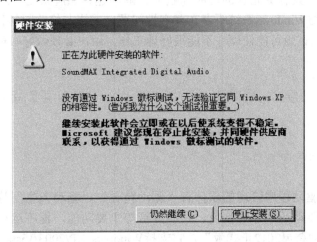

图　11-19

小知识 ★★

WHQL是Windows Hardware Quality Labs的简称，即"Windows操作系统硬件质量实验室"，其微软徽标认证计划（Microsoft Logo Program）使得各种软件、硬件、系统和XML服务等与Windows操作系统兼容并保证产品在Windows操作系统上的稳定性。此认证计划为生产商与终端消费者提供了一套可信赖的认证模式，以确保其系统或周边设备能够与Windows操作系统运作顺畅。

小张：   "老师，没有通过微软徽标测试的驱动程序是不是就不能用？"
老师：   "不尽然。所有硬件厂商的驱动程序只要向微软的WHQL申请，并通过HCT（Hardware Compatibility Test，硬件兼容性测试）多个项目的测试，并向微软缴纳250美元，便可以获得数字签名，并在其产品上使用"Windows XP/Vista/Windows 7"的Logo。对驱动程序的进一步了解需要阅读本项目的相关知识与技能部分。"
小张：   "好的。"

 相关知识与技能

驱动程序大约有官方正式版、微软WHQL认证版、第三方驱动、发烧友修改版、Beta测试版等5类。官方正式版驱动又称公版驱动，原指硬件厂商通过网站、配件附带光盘等途径正式发布的版本。微软WHQL认证版是指通过了微软Windows硬件质量实验室认证的版本。第三方驱动一般是指OEM厂商提供的硬件驱动版本。发烧友修改版是指硬件发烧友修改过的版本。Beta测试版指非正式发布、处于测试阶段的版本。

官方正式版是按照硬件芯片的设计研发出来的，出厂前经过了大量测试和修正，因此，具有稳定性、兼容性好的特点，建议兼容机用户选用。第三方驱动版在官方驱动的基础上经优化后、具有更完善的功能和整体性能，建议品牌机用户选用。通过了WHQL认证，表明该驱动与Windows系统不存在兼容性问题。发烧友修改版常使硬件在某些性能上有大的提升。Beta测试版可能使硬件不能很好地工作，用户必须做好心理准备。

任务2 用"驱动精灵"选择、安装和更新驱动程序

 操作指导

目前，用于驱动程序管理的软件有"驱动精灵""驱动人生"等，它们均提供了硬件自动在线检测、驱动程序在线修复、在线升级等主要功能，程序运行界面大致相似。本任务采用的是"驱动精灵2012正式版"，它支持Windows XP/2003/Vista/Windows 7，对目前火热的Windows 8也提供了支持。

注意，使用这些工具，前提是您的计算机已经连接到互联网。否则，就要选择一款集成了万能网卡驱动程序的软件包。

1．用"驱动精灵"检测硬件状态、排除故障

该软件在联网状态下首先检测计算机内所有硬件的基本状态。有问题的以红色字体显示。"驱动精灵"运行的过程如图11-20和图11-21所示。

图　11-20

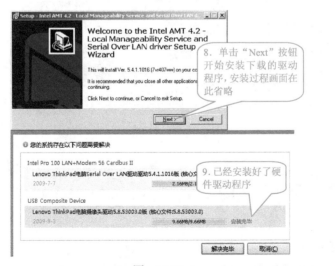

图　11-21

2. 用"驱动精灵"安装合适的驱动程序

1）标准模式。标准模式是经"驱动之家"评测室和分析团队验证，能够在性能和稳定上取得最佳平衡的官方正式完整版驱动。能将本机中的一些驱动程序升级到认证版（即WHQL认证），适合绝大多数用户使用，如图11-22所示。

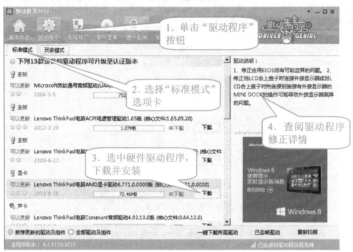

图　11-22

2）玩家模式。玩家模式专为玩家设计，方便硬件玩家们对设备驱动程序进行细致入微的调整。这里有"最新驱动""推荐驱动"以及"自定义驱动"3种，如图11-23所示。

图　11-23

任务3　用"驱动精灵"微调、备份和还原驱动程序

 操作指导

1. 驱动微调

有时，用"驱动精灵"安装或更新的驱动程序并不能使硬件正常工作，此时，需要用驱

动微调功能，对已经安装好的驱动"卸载"或"回滚"。回滚操作过程如图11-24所示。

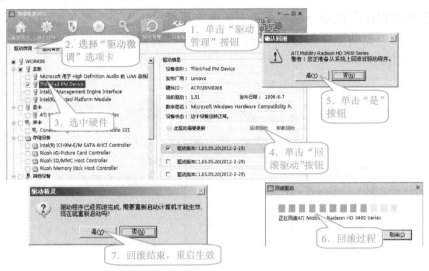

图　11-24

2. 驱动备份

对有些PnP（即插即用）硬件，Windows操作系统已经自动安装好了驱动程序，不需要用户另外安装，这部分驱动程序不需要备份。但是对于用户自己安装好的或者已经更新了的、运行平稳的驱动程序，有必要进行备份。备份的操作过程如图11-25所示。

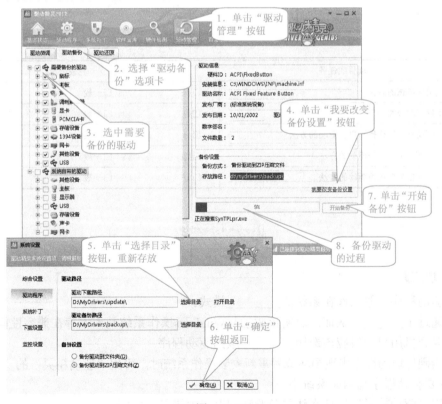

图　11-25

3．驱动还原

当硬件驱动程序出现损坏或者重新安装操作系统时，不必到处找驱动光盘，利用"驱动精灵"提供的"驱动还原"功能即可将正常工作时的驱动程序恢复到当前系统中。操作过程如图11-26所示。

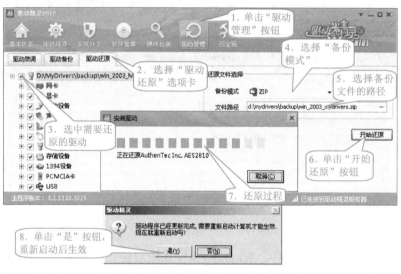

图 11-26

 质量评价

项目或任务	完成情况		
了解微软徽标测试的意义	□好	□一般	□差
了解驱动程序的分类	□好	□一般	□差
掌握用"驱动精灵"选择和更新驱动的方法	□好	□一般	□差
掌握用"驱动精灵"备份驱动的方法	□好	□一般	□差
掌握用"驱动精灵"还原驱动的方法	□好	□一般	□差

思考与练习

一、填空题

1．驱动程序一般工作在系统的_____模式。

2．通过了_____认证，表明该驱动与Windows操作系统基本不存在兼容性问题。

3．兼容机用户一般应该选用_____版的驱动程序。

4．当硬件驱动程序出现损坏或者重新安装操作系统时，可用"驱动精灵"的_____功能，来恢复驱动程序到当前系统中。

5．用"驱动精灵"软件在线更新驱动程序，前提是本机能_____。

二、选择题

1. 当开机自检结束，屏幕下方出现"Invalid Boot Device"的时候，表明（　　）。

   A. 找不到启动路径　　　　　　　　B. 系统有病毒或木马

   C. 驱动程序错误　　　　　　　　　D. 应用软件错误

2. （多选）当不想让某些软件开机自动运行时，可采用的措施包括（　　　）。

   A. 卸载程序

   B. 在系统配置实用程序msconfig.exe下面进行操作

   C. 进行全盘杀毒

三、简答题

1. 简要描述引起软件故障的原因。
2. 简要描述引起蓝屏现象的原因。
3. 详述开机找不到启动路径故障的排除步骤。

四、操作题

1. 请给本机安装"驱动精灵"软件。
2. 请用"驱动精灵"将本机上的显卡驱动程序以压缩包的形式备份，备份文件的位置在"D:\111"。
3. 请用"驱动精灵"将本机显卡驱动程序还原。备份文件的位置在"D:\111"。

第12章 硬件检测与日常维护

小张： "老师，学习完前11章我也算得上'初级高手'了吧。"

老师： "你的进步很快。如果对计算机的软硬件情况都了如指掌，才刚摆脱'菜鸟'的阶段。呵呵……"

小张： "这是为什么呢？"

老师： "比如，怎样确保买回来的硬件组件没被'偷梁换柱'，怎样调试无法运行的软件（尤其是游戏），怎样调试配件的性能，这些都是'菜鸟'进阶到'老手'的必经之路。"

小张： "好，让我向'老手'阶段进军吧。"

 本章导读

现在计算机硬件产品更新速度极快，型号众多繁杂，在购买配件时很容易让不法商贩（常说的JS）"偷梁换柱""以次充好"，因此，需要专门的软件检测配件是否"货真价实"。

购买配件的性能究竟如何，可以使用Windows自带工具进行初略查看，但一般使用第三方软件对设备进行专项测试。专项测试多指稳定性测试，指通过让计算机长时间、大负载、连续工作以检测系统是否能完全稳定运行。负责进行稳定测试的软件又称为"考机"软件。本章多次安排了"鲁大师"参与计算机硬件的多种测试，帮助用户全方位了解自己计算机的配置情况。

一台计算机配置得好不好，不是光看CPU有多快、内存容量有多大、硬盘有多少G，而是看整机性能如何。整机性能测试比较复杂，既有简单的应用测试（借助各种应用软件以检测系统能否达到用户的应用需求，如绘图性能、游戏性能、视频播放性能等），又有综合测评软件对整机系统地全面测评。隆重邀请"鲁大师"对整机性能进行测试，并得出"好、一般、差"的定性评价。

项目1 检测硬件信息

 学习目标

熟练掌握利用Windows自带的工具获取硬件信息的方法，了解第三方工具软件测试部件的性能参数。

项目任务

运用Windows的"设备管理器"初步检测硬件。

运用"鲁大师"详细检测硬件。

 项目分析

在计算机市场上消费者和不法商贩之间的较量从未间断过。如何不被不法商贩的花言巧语所蒙蔽，怎样保障自己购买的配件的真实性，这需要消费者有自己的"火眼金睛"，其中一个简单的鉴别方法就是使用测试软件。

 项目准备

下载"鲁大师"软件，安装到系统中。

任务1 利用"设备管理器"初步检测硬件

老师： "小张，还记得进入操作系统后怎么查看计算机的配置吗？"

小张： "记得，装驱动程序的时候要用到，主要是系统属性中的硬件选项。"

老师： "不错，直接利用系统提供的工具可粗略查看计算机硬件配置信息。"

 操作指导

在"我的电脑"图标上单击鼠标右键，在弹出的快捷菜单中选择"属性"命令，打开"系统属性"对话框，如图12-1所示为"常规"选项卡。

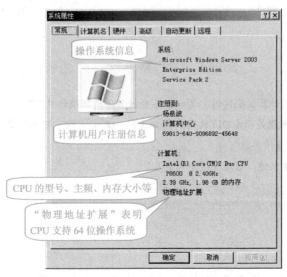

图 12-1

安装硬件驱动程序的时候使用过"硬件"选项卡，如图12-2所示。单击"设备管理器"按钮，打开"设备管理器"窗口，如图12-3所示。在该窗口中打开树形目录，能看到本地计算机上的所有硬件信息。但这些信息只是粗略的，还不是详细信息。

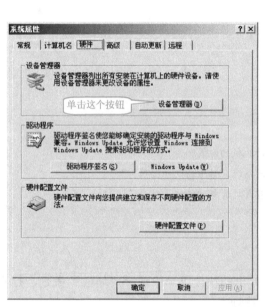

图 12-2   图 12-3

任务2　请"鲁大师"检测硬件

小张：　"老师，购买计算机配件时，怎样才不会被不法商贩欺诈呢？"

老师：　"嗯，这个问题是所有DIY的用户想知道的。其实不难，只要随身带着鲁大师，对照装机时候的配置清单就可以了。"

小张：　"咦，又是鲁大师！它还有这个功能？"

老师：　"当然了。"

 操作指导

鲁大师的硬件检测功能专业而易用，不但准确，而且提供厂商信息，让计算机配置一目了然，拒绝不法商贩蒙蔽。只需要在计算机上安装软件并启动"硬件检测"就可以了，如图12-4所示。

图　12-4

1. 硬件配置基本信息

单击"硬件检测"按钮稍等片刻，软件就会给出当前计算机的各项硬件配置信息。它分成五大部分，只要与配置单上的内容逐项对比，就可以知道真假了，如图12-5所示为所有硬件的基本配置信息。

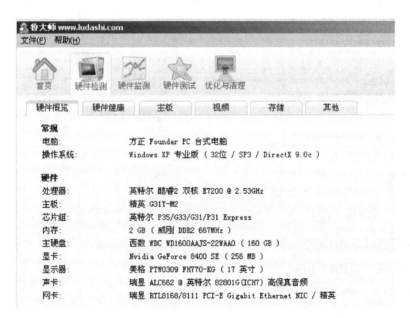

图　12-5

鲁大师还提供报表功能，执行"文件"→"报表"→"简明报表"命令生成简明装机单。与商家装机单比较，以确保所有配件的品牌和型号等参数是消费者要求的，真正做到心中无忧，如图12-6所示。

2. CPU和主板信息

单击图12-5中的"主板"选项卡，显示鲁大师检测到的CPU和主板信息。

其中CPU包括了系列、主频大小、核心类型、核心数量、接口类型、支持的前端总线频率、一级缓存大小和二级缓存大小、扩展指令集等重要信息。

主板信息包括了品牌、型号（系列）、北桥芯片组等重要信息，如图12-7所示。

3. 视频信息（见图12-8）

名称	型号
处理器（CPU）	英特尔 Pentium(奔腾) 双核 E5300 @ 2.60GHz
主 板	技嘉 EP43-VS3L
内 存	4 GB（金士顿 DDR2 800MHz）
硬 盘	西数 WDC WD1002FBYS-02A6B0（1000 GB）
显 卡	Nvidia GeForce 9800 GT（1024 MB）
显示器	@@@0000
光驱	建兴 ATAPI iHDS118 2 DVD光驱
机箱	
电源	
键盘/鼠标	
音箱	
其他	
总计	

图 12-6

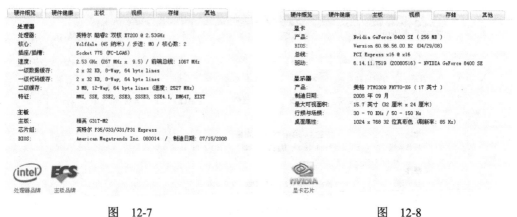

图 12-7

图 12-8

4. 存储信息（见图12-9）

5. 其他信息（见图12-10）

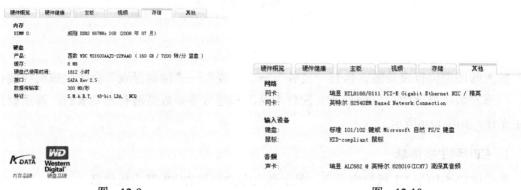

图 12-9

图 12-10

小张："好，有了这个我再装机就不怕奸商了。"

老师："呵呵，这个是辅助，关键还是要多下工夫学习啊。"

小张："嗯"。

质量评价

项目或任务	完成情况		
能熟练使用"设备管理器"初步检测硬件	□好	□一般	□差
能用"鲁大师"对硬件配置作详细检测	□好	□一般	□差

项目2　计算机硬件设备维护

学习目标

了解计算机硬件维护的基本常识。

掌握计算机内部清洁和消除静电的方法。

了解加湿和除湿的方法。

了解笔记本电池的日常保养方法。

掌握电池校正的过程和方法。

项目分析

现在计算机已经从"贵族"身份变为了"平民"身份。深入到人们的工作和生活中，给人们带来欢乐的同时，也给一些用户带来了苦恼。例如，当计算机稍稍挪一下位置就出现故障、当笔记本电脑没有用多久电池的电量就用尽了、计算机使用不到一年就能听到巨大的风扇转动声音……诸如此类"不听使唤"的时候，您是否有把它"砸掉"的冲动？

俗话说"七分使用、三分保养"，使用计算机设备同使用汽车一样，需要定期更换机油、空气滤清器等。但是，计算机硬件作为精密电子器件，维护者必须掌握它的"秉性"，掌握正确的保养方法，才能让它长时间为您服务。

计算机的主要硬件设备对温度、湿度、空间位置、静电、空气质量都有一定的要求。本项目先纠正计算机硬件保养和维护中的一些误区，介绍正确的操作方法。然后布置一个任务，介绍如何维护笔记本电脑的电池，以延长其电池续航时间和使用寿命。

任务1　计算机硬件保养和维护

操作指导

1. 除尘

计算机运行一段时间后，在静电场、磁场以及硬件自然吸附力的作用下，电源风扇页片内、CPU风扇页片内、主板表面上都会积上灰尘，这是正常现象。只要灰尘不使电路板绝缘性下降太多，不在主板上安装其他的插卡，这些灰尘就不会影响计算机的使用，它实际上已经构成了电子电路工作的"微环境"。但是，如果不小心破坏了这个"微环境"，那么短路、接触不良、霉变等故障现象便不期而至了。

最常见的错误除尘方法之一是直接在机箱内用毛刷掸掉，然后用电吹风吹走。殊不知，灰尘此时已经进入到插槽里面，使插卡与主板接触不良。毛刷用力过猛，可能划断了印制电路。错误除尘方法之二是用"不洁"的水清洗主板。因为普通的自来水或矿泉水、蒸馏水都含有微粒子，这样的水经常呈弱酸性或弱碱性，容易腐蚀电路板。

正确的方法是先把主板上的CPU、风扇、内存条、插卡等拆卸下来，准备一把软毛刷和一套车载吸尘器，如图12-11和图12-12所示。对于风扇上的灰尘一般较多，宜用工业吸尘器强力将尘土吸掉。

图 12-11

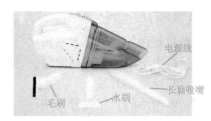

图 12-12

对于主板印制板表面的灰尘宜用软毛刷轻轻地刷，以免破坏电子电路。而对于主板插槽和其他缝隙内的灰尘，可以用车载吸尘器加挂长扁吸嘴吸掉。

显示器内部如果灰尘过多，则高压部分最容易发生"跳火"现象，导致高压包的损坏。显示器因为带有高压，最好是由专业人员进行清洗。

2．除湿/加湿

湿度环境对计算机的工作状态也有影响，相对湿度最好在30%～80%之间。

相对湿度过高，会使计算机内部焊点和插座焊点的接触电阻增大，如果超过80%，则不仅会增大焊点之间的接触电阻，而且雾化的危险就大大地增加，导致结露，使元器件受潮变质，诱发短路。如果相对湿度低于30%，则会使机械摩擦部分产生静电干扰，使计算机发送错误信号，甚至损坏元器件。

夏季经常下雨，空气较为潮湿，可以为计算机房间加装一台具备除湿功能的空调。工业除湿器可保证房间相对湿度在45%～65%之间。对于经久不用且已经变潮湿的计算机，不应贸然开机，应拆下主板，用电吹风的低档位吹热风，吹掉主板表面的湿气，切忌不要用高档位和太近距离吹热风，以免把元器件的焊点吹脱、高温将元器件损坏。

冬季和春季，空气较为干燥，相对湿度太低，很容易产生静电。有效避免静电产生的办法是为房间加湿。可以考虑安装加湿机或带加湿功能的空调。有的用户用火盆将冷水瞬间变成水蒸气为房间加湿，很难保证相对湿度的范围，不推荐使用。

3．防静电和除静电

冬季有时用户触摸机箱外壳，常有被电流击中的刺痛感，表明机箱外壳存有大量未被释放的静电荷。这种情况容易造成计算机开机失败，显示器无任何显示。

静电对计算机内的MOS器件，如CPU、ROM、RAM及大规模集成电路具有毁灭性的破坏力，只需很短的时间，就会导致大量数据、程序和计算机硬件损坏，所以静电不可不防。

人体也是一个导体，与插卡摩擦时也会产生放电现象，一旦发现计算机上有静电，就不要用手触摸计算机中的插卡。

防止人体静电对计算机造成损坏的有效办法是佩戴静电手环，使用它的目的在于将操作者身上多余的静电导入到地线中。一种典型的防静电手环如图12-13所示。使用时，用鳄鱼夹夹住接地线，松紧腕带箍住一只手腕，只用一只手操作设备。

除静电最有效的方法是用"除静电棒"，它的工作原理是产生大量的带有正负电荷的气团，可以将经过它离子辐射区内的物体上所带有的电荷中和掉。民用除静电棒可随身携带，如图12-14所示。在使用时，用棒的前端接触带静电的金属，荧光管会发光，表明静电清除效果。

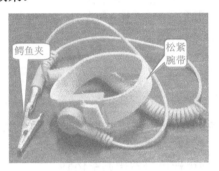

图 12-13

图 12-14

如果静电荷累积不多，则最简单的解决方法是拔掉220V电源插头，反复按机箱的Power按钮几次，利用机箱自身的接地装置，将残留在主板上的少量静电荷释放掉。

也可以用手先摸金属下水管，确保人体上的静电荷被引入大地而释放，之后找一根比较长的导线，将机箱外壳与金属下水管连接一下，也可以释放掉机箱壳上的静电。

此外计算机的接地装置也不可小视，应采用有接地装置的三相插座。

4. 开机/关机

最简单的操作常被用户忽略，开机和关机就是这样。许多用户在计算机工作的过程中，需要关机时，不是用操作系统来关机，而是直接长按Power按钮。殊不知，正在读写中的硬盘最怕的就是突然断电，断电的一瞬间会有大电流冲击，这无异于使硬盘"折寿"。

开机也是有顺序的。应该先给外部设备加电，然后才给主机加电。一些计算机先开外部设备（特别是打印机）则主机无法正常工作。关机时则相反，应该先关主机，然后关闭外部设备的电源。这样可以避免主机中的部件受到大的电流冲击。

任务2　笔记本电脑电池保养

小张：　"老师，我的笔记本电脑才买了一年，电池只能坚持30min左右，就必须再充电了。续航能力太低了，如何延长呀？"

老师：　"呵呵，不急。续航时间短不一定是电池的问题，也有可能是电池保养方法不对。让我们一起来认识一下笔记本锂电池的特点，再介绍电池保养的方法。"

操作指导

查看笔记本电脑电池的寿命情况可以用"鲁大师"软件，操作步骤如图12-15所示。

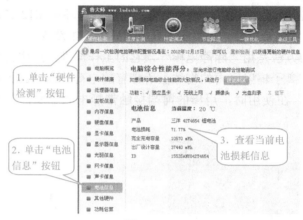

图 12-15

从图12-15中可以看出，该电池已经使用了多年，仅能完成其原始充电量的约28%，电池续航时间仅为最初的28%。

为了延长电池的使用寿命，一个误区是经常把电池电量充满乃至100%。

如果经常使用外接电源，少数时候才使用电池，那么应该设定一个值，当电池电量低于某值时才启动充电操作。这里以IBM ThinkPad T400系列笔记本电脑为例，用厂商提供的Power Manager软件设置电池充电管理。其运行画面和操作过程如图12-16所示。

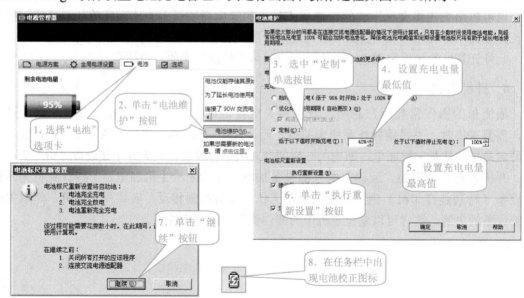

图 12-16

图12-16所示的过程称为"电池标尺重新设置"，一般，人们称之为"电池校正"，目的是排除软件对电池电量的误判，把电池剩余的电量充分释放出来。电池校正后，再用"鲁大师"软件查看电池损耗信息，损耗值应该降低。

在执行电池校正时，电池将完全充电到100%，再完全放电，自动关机，电池重新完全充电，完成一个"充电周期"，再由用户手动开机。因此，用户应该关闭所有应用程序，并连接交流电源适配器。

 相关知识与技能

许多消费者都误认为笔记本电脑电池的充电次数为500次左右，超过该次数，电池就该"退休"了。于是，为了延迟"退休"，许多用户在电量未使用完之前就不为其充电。其实这里的"500次"是充放电周期，而不是充电次数。

> **小知识** ★★
>
> 一个充放电周期是指电池的所有电量由满量到全部用空，再由空充到满的过程。通常要经过好几次充电才完成一个周期。每完成一个充电周期，电池容量就会减少一点。不过，这个电量减少幅度非常小，高品质的电池充过多个周期后，仍然会保留原始容量的80%，很多锂电池供电产品在经过两三年后仍然照常使用。当然，锂电池的寿命到了，最终仍是需要更换的。

购买新笔记本电脑时，电池应该会有一些剩余电量，这是为了让用户验机使用的（如果用户发现电池电量是满的，那么证明这台机器被人用过），此时，请不要使用外接电源，而应该把电池里的余电用尽，直至关机，然后再用外接电源充电。新电池都需要经过多次充放电后，电池的续航时间才会延长，并达到一个比较固定的值。充满电的电池长期不用，也会逐渐放电。

以下是电池日常保养中的一些注意事项。

瞬间的强电流冲击对电池是极为有害的，建议雷雨季节减少电池的使用，应尽量避免将笔记本电脑的电源适配器和大功率电器（比如，空调、冰箱、洗衣机等）插接到同一个电源插座上。

如果长期不使用电池，则应将电池充到电量50%以上后进行储存，这样有利于电池的后续使用。20℃的保存温度对于电池是最理想的。

定期进行电池校正，如每隔1个月，用笔记本电脑自带的电池管理工具或用BIOS内置的电池校正功能进行保养，这样对延长电池的寿命很有益。

电池使用时，环境温度在20℃为最佳。过高的环境温度会使电池进入自我保护状态，拒绝为主机供电。

 质量评价

项目或任务	完成情况		
掌握使用"鲁大师"对整机性能进行测试的方法	□好	□一般	□差
了解计算机主板、风扇等部件的除尘方法	□好	□一般	□差
了解相对湿度对计算机工作的影响	□好	□一般	□差
掌握静电消除的方法	□好	□一般	□差
掌握正确的开机/关机方法	□好	□一般	□差
了解电池日常保养中的注意事项	□好	□一般	□差
掌握电池校正的意义、方法、过程	□好	□一般	□差

思考与练习

一、填空题

1．空气中的相对湿度保持在_____范围，会使计算机的工作状态最佳。

2．若空气中的相对湿度太低，很容易产生_____。

3．一款电池经过多年使用，仅能完成其原始充电量的约28%，电池续航时间仅为最初的_____。

4．_____目的是排除软件对电池电量的误判，把笔记本电池剩余的电量充分释放出来。

5．长期不使用电池，应将电池充到电量_____%以上再进行储存。

二、简答题

1．为什么主板除尘不能用自来水冲洗？

2．消除计算机中的静电有哪些办法？

3．为什么要校正笔记本电池？它的过程是什么？

第13章　计算机组装与维护职业素养

老师：　"小张，学完前12章，你最大的感受是什么？"

小张：　"最大的感受就是，计算机专业术语多，英文缩写多，注意的环节多。"

老师：　"这'三多'有没有把你吓倒呢？呵呵。"

小张：　"只要常动手，常查资料，常向高手请教，我相信还是能克服困难的。我打算毕业后从事组装与维护方面的工作，需要些什么条件呢？"

老师（竖起大拇指）：　"好，有志气！我们还是要先来了解一下相关职业的要求。从现在开始，就要严格要求自己，多积累，为跨入职业门槛做好知识和技能的准备。"

 本章导读

　　计算机组装与维修是一项专业性极强的工种。要想在这个行业里面游刃有余，除了要有扎实的专业知识、过硬的技能之外，了解行业规范，养成良好的职业习惯对今后职业规划有着重要的意义，对中等职业学校的学生尤其如此。

　　本章试图从合格计算机维护人员的标准入手，介绍职业要求、行业守则、从业人员的素质要求。

 教学目标

　　1）了解组装与维护职业应该具备的一些基础知识、技能要求和职业守则。

　　2）了解组装与维护职业应该具备的一些基本素质。

项目1　合格计算机维护人员的标准（初级）

　　下面是合格计算机维护人员的职业标准（初级）（摘自《电子计算机（微机）装配调试员国家职业标准》）

1. 职业概况

　　1）职业名称：电子计算机（微机）装配调试员。

　　2）职业定义：使用测试设备，装配调试计算机（微机）、数据处理和自动控制设备的人员。

　　3）职业等级：本职业共设五个等级，分别为：初级（国家职业资格五级）、中级（国家职业资格四级）、高级（国家职业资格三级）、技师（国家职业资格二级）、高级技师（国家职业资格一级）。

    4）职业环境：室内，常温。

    5）职业能力特征：有较强的学习、分析、推理和判断能力，有较强的动手操作能力。

    6）基本文化程度：高中毕业（或同等学力）。

2．基本要求

（1）职业道德

1）职业道德基本知识。

2）职业守则。

① 遵守国家法律法规和有关规章制度。

② 爱岗敬业、工作认真，尽职尽责，一丝不苟，精益求精。

③ 努力钻研业务，学习新知识，有开拓精神。

④ 工作认真负责，吃苦耐劳，严于律己。

⑤ 举止大方得体，态度诚恳。

（2）基础知识

1）微型计算机软件基础知识。

① 操作系统基础知识。

② 应用软件基础知识。

2）微型计算机装配知识。

① 常用装配工具与设备。

② 电子产品装配知识。

③ 计算机硬件安装。

④ 计算机软件安装。

⑤ 检测知识。

⑥ 调试知识。

3）计算机配件知识。

① 机箱与电源知识。

② 主板知识。

③ CPU知识。

④ 内存知识。

⑤ 硬盘、软盘、光盘驱动器知识。

⑥ 键盘和鼠标知识。

4）微型计算机外部设备知识。

① 打印机知识。

② 声音适配器和音箱知识。

③ 调制解调器知识。

④ 网卡知识。

⑤ 集线器和交换机知识。

5）计算机常用专业词汇。

（3）法律知识

《价格法》《消费者权益保护法》和《知识产权法》中的有关法律法规条款。

（4）安全知识

电工电子安全知识。

（5）初级

职业功能	工作内容	技能要求	相关知识
一、工作准备	（一）岗前准备	1. 能够识别微型计算机板、卡、存储器、驱动器、外设及其规格、型号 2. 能按要求准备常用计算机装配调试工具	1. 计算机基础知识 2. 万用表使用知识
	（二）环境检测	1. 能够检测供电环境电压 2. 能够进行静电检测	计算机系统运行基本环境要求
二、安装调试	（一）硬件安装	1. 能够安装微型计算机，完成板、卡和外设的硬件之间的连接 2. 能够安装、更换一般消耗材料 3. 能够选择外部设备开关的设置	1. 硬件系统组成知识 2. 硬件安装知识
	（二）基本调试	1. 能够进行BIOS标准设置 2. 能够使计算机正常启动	1. BIOS基本参数设置知识 2. 计算机自检知识
三、故障处理	（一）故障诊断	1. 能够确认故障原因 2. 能够作出初步诊断结论	1. 整机故障检查规范流程知识 2. 主要部件检查方法知识
	（二）部件更换	1. 能够根据故障现象更换相应板卡 2. 能够选择替代产品	微机组装程序知识
四、客户服务	（一）售后说明	1. 能够填写机器配置清单 2. 能够指导客户验收计算机	计算机验收程序知识
	（二）技术咨询	1. 能够指导客户正确操作计算机 2. 能够向客户提出合理建议	1. 计算机安全使用知识 2. 影响计算机器件寿命因素

（6）中级（略）

（7）高级（略）

（8）技师（略）

（9）高级技师（略）

项目2　计算机维护人员的素质要求

从事计算机维护与维修的专业人员在实际工作中面对的不仅是计算机硬件本身，还需要面对诸如技术更新与学习、故障发生原因的查询等多种问题。因此，从业人员不仅要有较强的专业能力，还需要与职业相关的综合素质。其相关素质的基本要求归纳如下。

1）较高的信息素质和较强的自主学习能力。计算机技术更新快，硬件产品换代周期短，计算机维护与维修的技术与方法不断变化。这就要求计算机维护与维修的从业人员能及时有效地掌握计算机技术的发展水平与方向，并能在实际工作中不断总结经验、提高职业技能，适应社会需求，不断学习新的维护与维修技术。

2）良好的人际沟通能力。就职业性质而言，计算机维护与维修属于服务行业。它不仅直接服务于计算机用户，而且服务于计算机生产商与销售商，从而更好地为客户提供服务以谋取更大的合理利润，这就要求从业人员具备良好的人际沟通能力。

3）较佳的团队协作精神。每个计算机维护与维修从业人员都能够轻松完成对某个硬件的某项简单维修。但要钻研某项新的维修技术或进行大批量的设备维修时，从业人员的团队协作精神就显得至关重要了。

思考与练习

一、讨论题

1．计算机组装与维护的职业守则。

2．从事计算机组装与维护职业需要具备的基本知识。

二、调查题

深入电脑城，了解计算机组装与维护工作的内容。

附录 计算机常用专业术语、词汇（中英文对照）

able能

access访问

active file活动文件

active激活

add watch添加监视点

all files所有文件

all rights reserved所有的权力保留

attribute属性

available on volume该盘剩余空间

back前一步

bad command or filename命令或文件名错

bad command命令错

batch parameters批处理参数

BIOS（Basic Input Output System）基本输入输出系统

Browser浏览器URL在Internet的WWW服务程序上用于指定信息位置的表示方法

CD-ROM光盘驱动器（光驱）

CD-R光盘刻录机

change directory更换目录

change drive改变驱动器

change name更改名称

character set字符集

checking for正在检查

chip芯片

choose one of the following从下列中选一项

clear all全部清除

clear screen清除屏幕

clear清除

click点击

Client/Server客户机/服务器

close all关闭所有文件

CMOS（Complementary Metal-Oxide-Semiconductor）互补金属氧化物半导体

close关闭

column行

command line命令行

command prompt命令提示符

command命令

compressed file压缩文件

configuration配置

conventional memory常规内存

copy diskette复制磁盘

copyrights版权

copy复制

CPU（Center Processor Unit）中央处理单元

create dos partition or logical dos drive创建DOS分区或逻辑DOS驱动器

create extended dos partition创建扩展DOS分区

create primary dos partition创建DOS主分区

creates a directory创建一个目录

current file当前文件

cursor光标

cut剪切

data数据

debug调试

default默认

defrag整理碎片

del key删除键

delete删除

deltree删除树

Demo演示

Destination Folder目的文件夹

make directory创建目录

manual指南

memory info内存信息

memory model内存模式

menu command菜单命令

menu bar菜单条

MBytes兆字节

menu菜单

message window信息窗口

microsoft corporation微软公司

microsoft微软

modem调制解调器

monitor监视器

monochrome monitor单色监视器

mouse鼠标

multi多

multimedia多媒体

Navigator引航者（网景公司的浏览器）

newdata新建数据

new新建

next下一步

OA（Office Automation）办公自动化

object对象

Online在线

Email电子邮件

open打开

option pack功能补丁

OS（Operation System）操作系统

password口令，密码

paste粘贴

POST（Power On Self Test）电源自检程序

Power SW电源开关

PnP（Plug and Play）即插即用

previous前一个

print device打印设备

print preview打印预览

printer port打印机端口

program程序

quick format快速格式化

quick view快速查看

RAM（Random Access Memory）随机存储器（内存）

readonly file attribute只读文件属性

redo重做

Reset SW复位开关

release发布

replace替换

restart重新启动

right click单击鼠标右键

ROM（Read Only Memory）只读存储器

root directory根目录

row列

runtime error运行时出错

save保存

scale比例

scandisk磁盘扫描程序

screen savers屏幕保护程序

screen size屏幕大小

Search Engine搜索引擎

select all全选

select选择

service pack服务补丁

set active partition设置活动分区

settings设置

setup options安装选项

setup安装，设置

shortcut快捷方式

shortcut keys快捷键

size大小

Speaker喇叭

startup options启动选项

TCP/IP用于网络的一组通信协议

Telnet远程登录

text文本

undo撤销

uninstall卸载

参考文献

[1] 赵俊卿. 计算机组装与维修[M]. 上海：华东师范大学出版社，2006.

[2] 孙印杰，吕书琴，王红卫，等. 小型网组建与应用教程[M]. 4版. 北京：电子工业出版社，2009.

[3] 张兴明. 计算机组装与维修[M]. 北京：机械工业出版社，2008.